Cornelia Bauer

Neophyten im Siedlungsbereich

Cornelia Bauer

Neophyten im Siedlungsbereich

Vorkommen, Auswirkungen und Handlungsstrategien Betrachtet für die Stadt Ingelheim am Rhein (Reihenband 5)

Südwestdeutscher Verlag für Hochschulschriften

Impressum/Imprint (nur für Deutschland/only for Germany)
Bibliografische Information der Deutschen Nationalbibliothek: Die Deutsche Nationalbibliothek verzeichnet diese Publikation in der Deutschen Nationalbibliografie; detaillierte bibliografische Daten sind im Internet über http://dnb.d-nb.de abrufbar.
Alle in diesem Buch genannten Marken und Produktnamen unterliegen warenzeichen-, marken- oder patentrechtlichem Schutz bzw. sind Warenzeichen oder eingetragene Warenzeichen der jeweiligen Inhaber. Die Wiedergabe von Marken, Produktnamen, Gebrauchsnamen, Handelsnamen, Warenbezeichnungen u.s.w. in diesem Werk berechtigt auch ohne besondere Kennzeichnung nicht zu der Annahme, dass solche Namen im Sinne der Warenzeichen- und Markenschutzgesetzgebung als frei zu betrachten wären und daher von jedermann benutzt werden dürften.

Coverbild: www.ingimage.com

Verlag: Südwestdeutscher Verlag für Hochschulschriften GmbH & Co. KG
Heinrich-Böcking-Str. 6-8, 66121 Saarbrücken, Deutschland
Telefon +49 681 37 20 271-1, Telefax +49 681 37 20 271-0
Email: info@svh-verlag.de

Herstellung in Deutschland:
Schaltungsdienst Lange o.H.G., Berlin
Books on Demand GmbH, Norderstedt
Reha GmbH, Saarbrücken
Amazon Distribution GmbH, Leipzig
ISBN: 978-3-8381-2947-1

Imprint (only for USA, GB)
Bibliographic information published by the Deutsche Nationalbibliothek: The Deutsche Nationalbibliothek lists this publication in the Deutsche Nationalbibliografie; detailed bibliographic data are available in the Internet at http://dnb.d-nb.de.
Any brand names and product names mentioned in this book are subject to trademark, brand or patent protection and are trademarks or registered trademarks of their respective holders. The use of brand names, product names, common names, trade names, product descriptions etc. even without a particular marking in this works is in no way to be construed to mean that such names may be regarded as unrestricted in respect of trademark and brand protection legislation and could thus be used by anyone.

Cover image: www.ingimage.com

Publisher: Südwestdeutscher Verlag für Hochschulschriften GmbH & Co. KG
Heinrich-Böcking-Str. 6-8, 66121 Saarbrücken, Germany
Phone +49 681 37 20 271-1, Fax +49 681 37 20 271-0
Email: info@svh-verlag.de

Printed in the U.S.A.
Printed in the U.K. by (see last page)
ISBN: 978-3-8381-2947-1

Copyright © 2011 by the author and Südwestdeutscher Verlag für Hochschulschriften GmbH & Co. KG and licensors
All rights reserved. Saarbrücken 2011

Vorwort

Mein herzlicher Dank gilt meinen beiden Betreuern, Frau Prof. Dr. Elke Hietel an der Fachhochschule Bingen und Herrn Dipl.-Ing. Rainer Stemmler vom Amt für Umweltschutz und Grünordnung der Stadtverwaltung Ingelheim am Rhein.

Mein Dank geht ferner an alle Mitarbeiter im Amt für Umweltschutz und Grünordnung der Stadtverwaltung Ingelheim am Rhein für ihre stete Unterstützung und Hilfsbereitschaft.

Besonderer Dank geht an Thomas Merz, meine Familie und Stefan Hutschenreuther für ihre konstruktiven Ratschläge und ihr Engagement im Zuge der ganzen Arbeit.

II

Inhaltsverzeichnis

Vorwort — I

Abbildungsverzeichnis — VII

Tabellenverzeichnis — IX

1 Einleitung — 1

   1.1 Problemstellung — 1

   1.2 Rechtliche Grundlagen — 3

   1.3 Zielsetzung der Arbeit — 6

2 Die Stadt Ingelheim am Rhein — 7

   2.1 Historische Entwicklung — 7

   2.2 Lage, Topografie, Nutzungen und naturräumliche Gliederung — 9

   2.3 Klima, Boden und Geologie — 10

3 Material und Methoden — 12

   3.1 Auswahl und Beschreibung der Aufnahmeflächen — 12

      3.1.1 Wohngebiet — 13

      3.1.2 Stadtbrachen — 14

      3.1.3 Städtische Grün- und Parkanlagen — 15

      3.1.4 Verkehrswege — 17

      3.1.5 Gewerbe- und Industriegebiete — 19

      3.1.6 Gewässer — 20

      3.1.7 Städtische Friedhöfe — 23

3.2 Darstellung des verwendeten Materials und
der Untersuchungsmethodik 23

3.2.1 Kartierung 23

3.2.2 Auswertung der Ergebnisse 25

3.2.3 Handlungsstrategien 26

4 Ergebnisse der Bestandsaufnahme 27

4.1 Allgemeine Artenbeschreibung und Ausbreitungspotenziale der im Untersuchungsgebiet
vorkommenden Neophyten 29

4.1.1 *Ailanthus altissima* (Mill.) Swingle -
Drüsiger Götterbaum 29

4.1.2 *Amaranthus retroflexus* L. – Zurückgebogener Amarant,
Fuchsschwanz 34

4.1.3 *Bunias orientalis* L. – Orientalische Zackenschote 37

4.1.4 *Fallopia japonica* (Houtt.) Ronse Decr. –
Japanischer Flügelknöterich 41

4.1.5 *Impatiens parviflora* DC. – Kleinblütiges Springkraut 45

4.1.6 *Rhus hirta* (L.) Sudw. – Kolben-Sumach, Essigbaum 48

4.1.7 *Robinia pseudoacacia* L. – Gewöhnliche Robinie 50

4.1.8 *Senecio inaequidens* DC. – Schmalblättriges Greiskraut 54

4.1.9 *Solidago canadensis* L. – Kanadische Goldrute und
Solidago gigantea Aiton – Riesen-Goldrute 57

4.1.10 *Symphoricarpos albus* (L.) S.F.Blake –
Weiße Schneebeere 61

4.2 Wuchsorte der Neophyten in den Untersuchungs-
gebietender Stadt Ingelheim am Rhein 64

4.2.1 Wohngebiet in Ingelheim West 64

4.2.2 Stadtbrache in Ingelheim West 65

4.2.3 Städtische Grün- und Parkanlagen 66

4.2.4 Verkehrswege 69

4.2.5 Gewerbe- und Industriegebiete 71

4.2.6 Gewässer 73

4.2.7 Städtische Friedhöfe 75

5 Handlungsstrategien **77**

5.1 Einteilung der Neophyten in Listenkategorien 77

5.2 Empfohlene Handlungsmaßnahmen 79

    5.2.1 *Ailanthus altissima* (Mill.) Swingle - Drüsiger Götterbaum 79

    5.2.2 *Bunias orientalis* L. – Orientalische Zackenschote 81

    5.2.3 *Fallopia japonica* (Houtt.) Ronse Decr. – Japanischer Flügelknöterich 83

    5.2.4 *Rhus hirta* (L.) Sudw. – Kolben-Sumach, Essigbaum 83

    5.2.5 *Robinia pseudoacacia* L. – Gewöhnliche Robinie 85

    5.2.6 *Senecio inaequidens* DC. – Schmalblättriges Greiskraut 86

6 Diskussion **87**

6.1 Welche Neophyten kommen in den charakteristischen Siedlungsstrukturtypen vor? 87

6.2 In welcher Artmächtigkeit kommen sie dort vor? 90

6.3 Welche Neophyten gelten als potenziell invasiv beziehungsweise invasiv? Welche sind für das Untersuchungsgebiet als problematisch einzuschätzen?   94

6.4 Welche Ausbreitungspotenziale werden für die problematischen Arten erwartet?   95

6.5 Welche Handlungsstrategien sind zur Eindämmung der für den Siedlungsbereich der Stadt Ingelheim am Rhein problematischen Neophyten als sinnvoll zu erachten?   95

6.6 Schlussfolgerungen   96

7 Zusammenfassung   **98**

Literaturverzeichnis   100

Abbildungsverzeichnis

Abbildung 1a Übersichtskarte zur Lage der Stadt Ingelheim am Rhein — 9

Abbildung 1b Übersichtskarte der Aufnahmeflächen — 13

Abbildung 2a Nördlicher Teilbereich der Grünanlage Randgrün West — 16

Abbildung 2b Südlicher Teilbereich der Grünanlage Randgrün West — 16

Abbildung 3 *Ailanthus altissima*, Grünanlage Randgrün West, August 2010 — 29

Abbildung 4 Stockausschlag *Ailanthus altissima* Bahn- und Fahrradtrasse in der Stadt Ingelheim am Rhein, August 2010 — 33

Abbildung 5 *Amaranthus retroflexus*, Fahrradweg im Stadtteil Ingelheim West, August 2010 — 35

Abbildung 6 *Bunias orientalis*, auf den Randstreifen des Kreisverkehrs der Verbindungsstraße L428 in Ober-Ingelheim, Mai 2010 — 38

Abbildung 7 *Fallopia japonica*, August 2010 — 42

Abbildung 8 *Impatiens parviflora*, Rheinaue östlich der Rheinstraße im Ingelheimer Stadtteil Frei-Weinheim, Juli 2010 — 45

Abbildung 9 *Rhus hirta*, am Gewerbegebiet Nahering, Juli 2010 — 48

Abbildung 10 *Robinia pseudoacacia*, Juni 2010   51

Abbildung 11 *Senecio inaequidens*, Gleisanlage in Ingelheim
              West, September 2010   54

Abbildung 12a *Solidago canadensis*, August 2010   58

Abbildung 12b *Solidago gigantea*, August 2010   58

Abbildung 13 *Symphoricarpos albus*, Juli 2010   62

Abbildung 14 Brachfläche in Ingelheim West, Juli 2010   65

Abbildung 15 *Ailanthus altissima*im Bereich der städtischen
              Grünanlage Konrad Adenauer-Straße, Juli 2010   69

Abbildung 16 *Fallopia japonica* auf der Zusatzfläche (d), im
              Gewässerumfeld der Selz, Selztalradweg in
              Ober-Ingelheim, September 2010   74

Tabellenverzeichnis

Tabelle 1	Die Abundanz-Dominanz-Schätzskala nach Braun-Blanquet	24
Tabelle 2	Übersicht zur Bestandsaufnahme der im Siedlungsbereich der Stadt Ingelheim am Rhein vorkommenden Neophyten	27
Tabelle 3	Übersicht der Zeigerwerte zum ökologischen Verhalten von *Ailanthus altissima*	30
Tabelle 4	Übersicht der Zeigerwerte zum ökologischen Verhalten von *Amaranthus retroflexus*	36
Tabelle 5	Übersicht der Zeigerwerte zum ökologischen Verhalten von *Bunias orientalis*	39
Tabelle 6	Übersicht der Zeigerwerte zum ökologischen Verhalten von *Reynoutria (Fallopia) japonica*	42
Tabelle 7	Übersicht der Zeigerwerte zum ökologischen Verhalten von *Impatiens parviflora*	46
Tabelle 8	Übersicht der Zeigerwerte zum ökologischen Verhalten von *Robinia pseudoacacia*	51
Tabelle 9	Übersicht der Zeigerwerte zum ökologischen Verhalten von *Senecio inaequidens*	55

Tabelle 10a	Übersicht der Zeigerwerte zum ökologischen Verhalten von *Solidago canadensis*	59
Tabelle 10b	Übersicht der Zeigerwerte zum ökologischen Verhalten von *Solidago gigantea*	59
Tabelle 11	Vorkommen und Artmächtigkeiten der Neophyten a) Spielplatz, b) Brachfläche und c) Ränder von Straßen und Fußwegen im Wohngebiet Ingelheim West, Mai bis September 2010	64
Tabelle 12	Vorkommen und Artmächtigkeiten der Neophyten auf der Brachfläche in Ingelheim West, Mai bis September 2010	66
Tabelle 13	Vorkommen und Artmächtigkeiten der Neophyten in der städtischen Grünanlage Randgrün West mit a) nördlicher Teilbereich und b) südlicher Teilbereich, Mai bis September 2010	67
Tabelle 14	Vorkommen und Artmächtigkeiten der Neophyten in der städtischen Grünanlage Westlich der Ulmenstraße, Mai bis September 2010	68
Tabelle 15	Vorkommen und Artmächtigkeiten der Neophyten im Bereich der städtischen Grünanlage Konrad Adenauer Straße, Mai bis September 2010	68
Tabelle 16	Vorkommen und Artmächtigkeiten der Neophyten im Bereich der Straßen, Fahrrad- und Wirtschaftswege im Stadtteil Ingelheim West bis zum Stadtzentrum, Mai bis September 2010	70

Tabelle 17	Vorkommen und Artmächtigkeiten der Neophyten im Bereich der Gleisanlagen im Stadtteil Ingelheim West bis zur Ingelheimer Stadtmitte, Mai bis September 2010	71
Tabelle 18	Vorkommen und Artmächtigkeiten der Neophyten im Gewerbegebiet Nahering a) Verkehrsinseln, b) Grünfläche am Fußweg und c) Werbefläche, im Siedlungsbereich der Stadt Ingelheim am Rhein, Mai bis September 2010	71
Tabelle 19	Vorkommen und Artmächtigkeiten der Neophyten im Industriegebiet Schaafau im Stadtteil Nieder- Ingelheim, Mai bis September 2010	72
Tabelle 20	Vorkommen und Artmächtigkeit der Neophyten auf den Gewässerrandstreifen a) Mündungsbereich, b) ortsnaher Bereich, c) bebaute Ortslage und d) Zusatzfläche, Mai bis September 2010	73
Tabelle 21	Vorkommen und Artmächtigkeiten der Neophyten a) östlich und b) westlich der Rheinstraße im Stadtteil Frei-Weinheim, Mai bis September 2010	74
Tabelle 22	Vorkommen und Artmächtigkeiten der Neophyten a) Friedhof Ober-Ingelheim, b) Friedhof Frei- Weinheim und c) Zusatzfläche, Mai bis September 2010	75
Tabelle 23	Einteilung der Neophyten in Listenkategorien	78

1 Einleitung

1.1 Problemstellung

Jedes Ökosystem ist eine funktionelle Einheit aus Biotop und Biozönose, welches bis zu einem gewissen Grad zur Selbstregulation fähig ist. Die Stabilität gegenüber Störungen ist dabei abhängig vom Grad der Biodiversität. Eine hohe genetische Variabilität der Arten und eine Vielfalt an Lebensräumen begünstigen die Anpassungsfähigkeit an sich ändernde Umweltbedingungen. Einer der natürlichen Anpassungsprozesse ist die Wanderung und Ausbreitung von Tier- und Pflanzenarten in neue Lebensräume (Wittig und Streit 2004). Durch anthropogene Einflüsse wurde die natürliche Artenzusammensetzung jedoch stark verändert. Das Ausmaß der Langzeitauswirkungen auf ökologische Prozesse ist noch umstritten. Somit gilt derzeit auch weltweit das Auftreten von Neobiota in den unterschiedlichsten Ökosystemen als eines der wichtigsten Forschungs- und Diskussionsthemen (Pyšek et al. 2006).

In der Forschung gelten invasive Neobiota weltweit als zweithäufigste Ursache für das Artensterben (Wolfangel 2001, 2005). Dennoch sollte man sich bei diesen Daten stets bewusst sein, dass in Deutschland zur Zeit nur ca. 5% der gefährdeten Pflanzenarten durch gebietsfremde Arten direkt oder indirekt bedroht werden (Bundesamt für Naturschutz (Hrsg.) op.).

Im Gegensatz zu den einheimischen (indigenen) Arten bezeichnet man Arten, die durch beabsichtigten oder unbeabsichtigten Einfluss des Menschen in das jeweilige Ökosystem gelangten oder aus solchen entstanden sind, als nichteinheimische beziehungsweise gebietsfremde Arten (Bundesamt für Naturschutz (Hrsg.) op.). Beabsichtigt bezeichnet hierbei beispielsweise die Einfuhr von Nutzpflanzen und Zierpflanzen für Garten- und Parkanlagen. Unbeabsichtigt jedoch war die Einschleppung von Samen in organischem Verpackungsmaterial von Handelsgütern oder im Ballastwasser von Schiffen. Der Umfang dieser Einfuhr korreliert sehr stark mit der Zunahme von Handels- und Verkehrswegen. Somit werden Arten, die bereits in der Antike oder früher eingeführt wurden, als Archäobiota bezeichnet. Die Entdeckung Amerikas markiert eine neue Epoche im weltweiten Handelsverkehr und deshalb werden Arten die nach 1492 erstmalig in einem Gebiet auftraten als Neobiota bezeichnet. Innerhalb dieser Begriffsbestimmung unterscheidet man zwischen Tieren (Archäo– und Neozoen) und Pflanzen (Archäo– und Neophyten) (Schroeder 1974,

Schaefer 1992). Im Folgenden werden wesentliche Begriffe zum Thema Neophyten erläutert.

Generell können sich nur einige der eingebrachten Pflanzenarten auf einem naturnahen oder anthropogenen Standort etablieren (einbürgern). Gemäß dem Etablierungskonzept von Kowarik (Kowarik 1991) ist eine Art im Gebiet etabliert, wenn sie über einen Zeitraum von mindestens 25 Jahren mindestens zwei spontane Generationen hervorgebracht hat. Diese Arten haben in ihrem neuen Ansiedlungsgebiet meist ähnliche Standortbedingungen wie in ihrem ursprünglichen Verbreitungsgebiet, oder zumindest einen starken Konkurrenzvorteil gegenüber den einheimischen Arten (Kowarik 2010). Dahingegen werden Pflanzenarten, die nur gelegentlich und zerstreut auftreten, als unbeständige Neophyten bezeichnet (Bundesamt für Naturschutz (Hrsg.) op.). Des Weiteren unterscheidet man zwischen nicht invasiven und invasiven Neophyten. Gemäß dem deutschen Bundesnaturschutzgesetz (2009, §7 Abs. 2 Nr. 9) ist eine invasive Art „eine Art, deren Vorkommen außerhalb ihres natürlichen Verbreitungsgebietes für die dort natürlich vorkommenden Ökosysteme, Biotope oder Arten ein erhebliches Gefährdungspotential darstellt". Dies beinhaltet auch das Problem, dass invasive Arten in Konkurrenz um Lebensraum und Ressourcen zu indigenen Arten treten und diese verdrängen oder durch Kreuzung mit ihnen den Genpool verändern können (Bundesamt für Naturschutz (Hrsg.) op.). Neben diesen naturschutzfachlichen Aspekten werden auch einige Neophyten als invasiv bezeichnet, da sie gesundheitliche und/oder ökonomische Probleme beziehungsweise Schäden verursachen können. Gemäß dem Bundesamt für Naturschutz treten in Deutschland ca. 1.000 gebietsfremde Gefäßpflanzen unbeständig auf, ca. 400 Arten sind etabliert und ca. 40 Arten haben einen invasiven Charakter (Bundesamt für Naturschutz (Hrsg.), op). Neophyten kommen in allen Lebensräumen Deutschlands vor, wobei die meisten im Umfeld ihrer Einwanderungswege auftreten. Dies sind hauptsächlich urbanindustrielle Lebensräume (Pyšek et al. 2009). Gründe hierfür sind zum einen die Kultivierung von unterschiedlichsten Nutz- und Zierpflanzen in großer Anzahl über einen längeren Zeitraum und die damit gegebenen Möglichkeiten der spontanen Ausbreitung. Zum anderen sind Städte die Zentren von zahlreichen Handels- und Verkehrswegen. Somit kam es durch Import, Umschlag und Weiterverarbeitung von Waren beziehungsweise Lagerung von Abfällen, insbesondere aus dem Agrar- und Forstbereich, zu einer unbeabsichtigten Ausbreitung von Diasporen nichteinheimischer Pflanzenarten. Die Verschleppung dieser Diasporen wird zusätzlich durch die hohe Mobilität des Menschen in Städten begünstigt. Des Weiteren werden durch die Besonderheiten des Stadtklimas, im Vergleich zum Umland, die Ansiedlung und Ausbreitung

von Neophyten aus warm-trockenen Gebieten begünstigt (Wittig 2002).
Bei der Zusammensetzung der spontanen Siedlungsflora wird zwischen verschiedenen Verbreitungstypen unterschieden. Für die vorliegende Arbeit ist vor allem die Unterscheidung zwischen urbanoneutralen und urbanophilen Pflanzenarten wichtig. Pflanzenarten, die sowohl innerhalb, als auch außerhalb der Stadt genügend Standorte finden können, bezeichnet man als urbanoneutral. Im Gegensatz hierzu bezeichnet man Pflanzenarten, deren Verbreitungsschwerpunkt innerhalb des bebauten Stadtgebietes und nur selten im Umland liegen, als urbanophil (Wittig 2002).
Generell gelten insbesondere Straßen, Bahn- und Hafenanlagen, sowie Gärten, Grünanlagen, Brachflächen und Flüsse als typische Ansiedlungs- und Ausbreitungswege von Neophyten (Wittig 2002 und Kowarik 2010).

1.2 Rechtliche Grundlagen

Das Übereinkommen zum Schutz der biologischen Vielfalt (Convention on Biological Diversity - CBD) wurde 1992 auf der Konferenz der Vereinten Nationen für Umwelt und Entwicklung (UNCED) in Rio de Janeiro verabschiedet. Gemäß Artikel 8 h ist jede Vertragspartei verpflichtet „[...] soweit möglich und sofern angebracht, die Einbringung nichteinheimischer Arten, welche Ökosysteme, Lebensräume oder Arten gefährden, [zu] verhindern, diese Arten [zu] kontrollieren oder [zu] beseitigen." Diese Aussage wurde 2002 durch die Entscheidung VI/23 der Nachfolgekonferenz zur CBD spezifiziert. Hierbei soll beim Umgang mit diesen Arten, unter anderem, nach folgenden Leitlinien gehandelt werden: Anwendung des Vorsorgeprinzips, Anwendung eines dreistufigen Ansatzes (Vorbeugung, Ausrottung, Bekämpfung), sowie Bestrebungen zu Forschung und Monitoring, einer verbesserten Ausbildung und Öffentlichkeitsarbeit und einem Informationsaustausch über invasive Arten.
Alle Unterzeichnerstaaten, darunter auch Deutschland, verpflichten sich mit ihrer Unterschrift die Bestimmungen der Konvention in nationales Recht zu übertragen. Die Umsetzung in Deutschland erfolgte durch die im November 2007 von der Bundesregierung beschlossene „Nationale Strategie zur biologischen Vielfalt" (Bundesministerium für Umwelt, Naturschutz und Reaktorsicherheit, 2007) und durch das Bundesnaturschutzgesetz. Gemäß dem Bundesnaturschutzgesetz (2009 § 40 Abs.1) „[...]sind geeignete Maßnahmen zu treffen, um einer Gefährdung von Ökosystemen, Biotopen und Arten durch Tiere und

Pflanzen nichtheimischer oder invasiver Arten entgegenzuwirken." Diese Maßnahmen sollen nach Absatz 3 unverzüglich von den zuständigen Behörden des Bundes und der Länder ergriffen werden, „[...] um neu auftretende Tiere und Pflanzen invasiver Arten zu beseitigen oder deren Ausbreitung zu verhindern." Bei bereits verbreiteten invasiven Arten sind Maßnahmen zu treffen, „[...] um eine weitere Ausbreitung zu verhindern und die Auswirkungen der Ausbreitung zu vermindern, soweit diese Aussicht auf Erfolg haben und der Erfolg nicht außer Verhältnis zu dem erforderlichen Aufwand steht." Des Weiteren sind nach Absatz 2 „Arten, bei denen Anhaltspunkte dafür bestehen, dass es sich um invasive Arten handelt, [...] zu beobachten." Zur Vorbeugung einer möglichen Gefährdung bedarf die Ausbringung gebietsfremder Arten in der freien Natur einer Genehmigung durch die zuständige Behörde. Ausnahmen gelten gemäß § 40 Absatz 4. Des Weiteren können ungenehmigte Ausbringungen mit einer Geldbuße geahndet werden (Bundesnaturschutzgesetz 2009 § 69 Abs. 3 Nr.17).

Neben den oben genannten rechtlichen Vorgaben gibt das Internetangebot „FloraWeb" des Bundesamtes für Naturschutz die Möglichkeit, kostenlos Informationen zum Thema gebietsfremde Arten zu erhalten (Bundesamt für Naturschutz (Hrsg.) op.). Die Neophyten werden dort anhand von Biologie, Lebensraum, Verbreitungskarten, Auswirkungen und möglichen Gegenmaßnahmen vorgestellt. Alle Grundlagendaten dieser Online-Plattformen stammen aus anerkannter Standardliteratur. Außerdem gibt es für jede dieser Arten Diskussionsforen zum Austausch von Erfahrungen, Einschätzungen und Kontaktdaten von Experten. Mit diesem Angebot wird zum einen ein wichtiger Beitrag zur fachlichen Information der Öffentlichkeit geleistet und zum anderen wird damit auch ein interaktives Monitoringsystem für invasive Pflanzenarten auf Bundesebene ermöglicht.

Außerdem werden momentan für die oben dargestellten rechtlichen Grundlagen für Deutschland und Österreich kriterienbasierte Listen für die dort vorkommenden gebietsfremden Arten erarbeitet. Im Zeitraum der Bearbeitung der vorliegenden Untersuchung sind diese Listen vom Bundesamt für Naturschutz, sowie deren Partnern, noch nicht fertig gestellt. Dennoch sollen hier die Grundzüge einer möglichen Methodik zur Erstellung dieser Listen gegeben werden. Diese Übersicht orientiert sich an dem Kriteriensystem von Essl et al. (Essl et al. 2008). Eine wesentliche Grundlage der Bewertungsmethodik ist die Gefährdung heimischer Arten durch gebietsfremde Arten, die zur Einteilung in Arten der Schwarzen Liste (Gefährdung belegt), Grauen Liste (Gefährdung anzunehmen) und Weißen Liste (keine Gefährdung bekannt) führte. Weitere Kriterien, wie beispielsweise die Größe des besiedelten Areals, das Vorhandensein von Sofortmaßnahmen und biologisch-ökologischen Eigenschaften, ermöglichen eine maßnahmenorientierte Unterteilung in:

(1) Schwarze Liste:
Die Warnliste beinhaltet die im Bezugsgebiet noch nicht wild lebend vorkommenden gebietsfremden Arten. Diese gelten in anderen klimatisch und naturräumlich vergleichbaren Regionen als invasiv und ihre Einbringung sollte daher verhindert werden. Im Gegensatz dazu beinhaltet die Aktionsliste wild lebend vorkommende invasive gebietsfremde Arten, deren Vorkommen im Bezugsgebiet als kleinräumig einzuschätzen ist. Für sie existieren geeignete Maßnahmen, die eine vollständige Beseitigung mit vertretbarem Aufwand ermöglichen. Diese sollten daher schnellstmöglich umgesetzt werden.
Die Managementliste enthält die Arten für die keine geeigneten Sofortmaßnahmen bekannt sind. Hierzu zählen aber auch die Arten deren Vorkommen schon so großräumig ist, dass Maßnahmen nur in Einzelfällen sinnvoll sind.

(2) Graue Liste:
Die Handlungsliste enthält jene gebietsfremden Arten, für die begründete Annahmen vorliegen: entweder sind heimische Arten direkt gefährdet oder diese durch eine Veränderung der Lebensräume indirekt gefährdet. Hierbei ist zu beachten, dass die negativen Auswirkungen aufgrund eines ungenügenden Wissensstandes derzeit nicht endgültig zu beurteilen sind. Dennoch gelten diese Annahmen als ausreichend um Maßnahmen zu begründen. Die Beobachtungsliste enthält jene gebietsfremden Arten, für die Hinweise vorliegen, dass sie entweder heimische Arten direkt gefährden oder diese durch eine Veränderung der Lebensräume indirekt gefährden. Für diese Arten stehen Monitoring und Forschung im Vordergrund. Des Weiteren sind für diese Arten auf Grund des geringen Kenntnisstands weiter gehende Handlungen nicht gerechtfertigt.

(3) Weiße Liste:
Diese Liste enthält gebietsfremde Arten, die nach derzeitigem Wissensstand keine Gefährdung heimischer Arten verursachen.

1.3 Zielsetzung der Arbeit

Unter Berücksichtigung der oben dargestellten Problematik und der gesetzlichen Vorgabe durch das Bundesnaturschutzgesetz (vgl. Kapitel 1.2), befasst sich diese Arbeit mit dem Vorkommen von Neophyten im Siedlungsbereich der Stadt Ingelheim am Rhein. Besonderer Fokus liegt hierbei auf den Arten, die gemäß dem Bundesamt für Naturschutz als potentiell invasiv oder invasiv gelten (Bundesamt für Naturschutz (Hrsg.), op). Die Ausbreitungspotenziale und Auswirkungen auf indigene Arten, Biotope und auf den Menschen sollen näher vorgestellt werden. Anhand dieser Untersuchung lässt sich schließlich feststellen, in welchem Maße bestimmte Arten im Siedlungsbereich der Stadt Ingelheim als problematisch einzustufen sind und welche Handlungsstrategien möglich sind, um deren Ausbreitung zu verhindern.

Grundlegende Fragestellungen dabei sind:
- Welche Neophyten kommen in den charakteristischen Siedlungsstrukturtypen vor?
- In welcher Artmächtigkeit kommen sie dort vor?
- Welche Neophyten gelten als potenziell invasiv beziehungsweise invasiv? Welche sind für das Untersuchungsgebiet als problematisch einzuschätzen?
- Welche Ausbreitungspotenziale werden für die problematischen Arten erwartet?
- Welche Handlungsstrategien sind zur Eindämmung für den Siedlungsbereich der Stadt Ingelheim am Rhein problematischen Neophyten als sinnvoll zu erachten?

Im Amt für Umweltschutz und Grünordnung der Stadtverwaltung Ingelheim wurde bereits eine Datenbank für *Heracleum mantegazzianum* (Herkulesstaude) für die Gemarkung Ingelheim erstellt. Das Zurückdrängen dieser Art erfolgt seit 2000, mit dem Ziel, die von der Pflanze ausgehende Gefahr für die menschliche Gesundheit zu mindern (Beek 2010).

Die vorliegende Arbeit soll zur Ergänzung und Erweiterung der bestehenden Datenbank über die invasiven und problematischen Arten für die Stadt Ingelheim am Rhein beitragen. Ein weiteres Ziel ist die Übertragbarkeit der Ergebnisse dieser Untersuchung auf andere vergleichbare Siedlungen und damit die Schaffung einer Grundlage zum Informationsaustausch über die oben genannte Problematik.

2 Die Stadt Ingelheim am Rhein

In diesem Kapitel werden die wichtigsten Grundlagendaten zur Stadt Ingelheim am Rhein vorgestellt. Damit wird ein kurzer Überblick zu der historischen Stadtentwicklung, der naturräumlichen Gliederung und den Standortfaktoren gegeben. Der Fokus liegt hierbei auf der Entwicklung und Nutzung von Straßen, Bahnlinien und Flüssen als begünstigende Faktoren für die Ansiedlung und Ausbreitung von Neophyten.

Die Wahl der rheinhessischen Stadt als Untersuchungsgebiet ist dabei folgendermaßen begründet: Ingelheim am Rhein bietet aufgrund seiner geografischen, geologischen und klimatischen Lage eine günstige Voraussetzung für die Ausbreitung von Neophyten. Durch den langjährigen Wein-, Obst- und Gemüseanbau im unmittelbaren Umland wurden die Vorkommen heimischer Arten stark eingeschränkt. Die Besonderheit liegt in der Verzahnung von urbanindustriellen und landwirtschaftlich geprägten Lebensräumen bis hin zu Wäldern und Forsten auf kleinem Raum.

2.1 Historische Entwicklung

Mehrere archäologische Funde weisen auf eine rege Siedlungstätigkeit der Römer im heutigen Ingelheimer Stadtbereich vom Ende des 1. Jh. v. Chr. bis Mitte des 5. Jh. n. Chr. hin. Zu den frühesten römischen Bauten in Ingelheim gehörten die Römerstraßen, die von Mainz nach Koblenz bzw. Trier führten.

Die erste urkundlich belegte Erwähnung Ingelheims stammt jedoch erst aus dem Jahre 774, verursacht durch den Aufenthalt Karls des Großen in der merowingischen „curtis regia ad Ingilinheim". 1493 erhält das Dorf Weinheim durch seine direkte Lage am Rhein und an der Selzmündung, sowie seiner Bedeutung als privilegierter Handelshafen das Präfix „Frei".

Von 1618 bis 1648 kam es sowohl durch den Dreißigjährigen Krieg, als auch durch die Pest zu einer massiven Dezimierung der Ingelheimer Bevölkerung.

In den Jahren 1802 bis 1814 war Ingelheim, wie auch das gesamte linke Rheinufer, Bestandteil des napoleonischen Reiches und war Kantonshauptort des „Département du Mont Tonnerre". In dieser Zeit wurde in Nieder-Ingelheim die Route Charlemagne als Teil des napoleonischen Straßensystems von Basel zum Niederrhein gebaut. Sie entspricht dem Verlauf der heutigen Mainzer bzw. Binger Straße. Ab dem Jahr 1816 gehörten Ober- und Nieder-Ingelheim samt Frei-Weinheim, Sporkenheim und Groß-Winternheim zum Großherzogtum Hessen.

Aufgrund eines Hochwasserereignisses im Jahre 1784, welches fast zur völligen Zerstörung Frei-Weinheims führte, kam es 1825 zum Baubeginn eines geschlossenen Hochwasserdammsystems in Frei-Weinheim und Sporkenheim. Ab 1859 beginnt mit der Eröffnung der Bahnlinie Mainz-Ingelheim-Bingen die Industrialisierung in Ingelheim.

Mehrere Fabriken, wie zum Beispiel die Düngemittelfabrik Kahn und Herrmann (1863), die Brauerei und Malzfabrik Löwensberg (1866) und das Bauunternehmen Karl Gemünden (1890) konnten sich ansiedeln. Am 31.Juli 1885 wurde von Albert Boehringer die „Chemische Fabrik Nieder-Ingelheim" gegründet und ist bis heute, unter dem Namen „C. H. Boehringer Sohn", das bedeutendste industrielle und prägende Unternehmen Ingelheims. Im landwirtschaftlichen Bereich ist bis heute vor allem der Weinanbau, betrieben seit der Römerzeit beziehungsweise Karl dem Großen, und der Spargelanbau seit Ende des 18.Jh., sehr bedeutend. Im Zuge der Industrialisierung gewann auch der Frei-Weinheimer Hafen immer mehr an Bedeutung: Er wurde Umschlagplatz für zahlreiche Rohstoffe der oben genannten Firmen. Die Inbetriebnahme der Selztalbahn im Jahre 1904, welche die Selztalgemeinden ab Partenheim mit Ingelheim und dem Hafen in Frei-Weinheim verband, verschaffte der Ingelheimer Industrie einen erheblichen Aufschwung. Die Teilstrecke vom Hafen bis zum Ingelheimer Bahnhof wurde auch nach der Stilllegung der Selztalbahn 1954 von der Firma Boehringer als Werksbahn bis 1985 weiter genutzt.

Am 1.April 1939 wurden die Gemeinden Nieder- und Ober- Ingelheim mit Frei-Weinheim und Sporkenheim durch eine Verfügung des Gauleiters J.Sprenger zur Stadt „Ingelheim am Rhein" erhoben. Dies wurde nach dem 2.Weltkrieg 1947 durch einen demokratisch einstimmig gefassten Beschluss des ersten frei gewählten Stadtrates rückwirkend bestätigt.

In den Nachkriegsjahren galt durch die Eingliederung zahlreicher Vertriebener und Flüchtlinge großer Nachholbedarf im Gewerbe-, Straßen- und Wohnungsbau. Somit entstand 1964 unter anderem der neue Stadtteil Ingelheim West mit einer Vielzahl von Wohnungen, Schulen und Einkaufsmöglichkeiten. Aufgrund eines so genannten „Jahrhunderthochwassers" im Jahre 1970 wurden die Dämme und der Hafen grundlegend modernisiert. Im selben Jahr kam es zum Bau der Bundesautobahn A60 durch die Ingelheimer Gemarkung. Im April 1972 wurde Groß-Winternheim von der Stadt Ingelheim am Rhein eingemeindet. Das Europaparlament in Straßburg verlieh Ingelheim 1983 die Europafahne. 1990 wurden der Bau der Konrad-Adenauer-Straße und das an ihr liegende Industriegebiet Schaafau fertig gestellt. Im folgenden Jahr wurde auch das Gebiet im Osten von Nieder-Ingelheim „Im Herstel" / „Am Grauen Stein" bebaut. 2005 erfolgte die Fertigstellung der L 428 als Entlastungsstraße im Selztal. Mit dem Neubau der Kreisverwaltung des Landkreises Mainz-Bingen wurde Ingelheim 1995 Kreisstadt (Henn, Kähler und Geißler 2005).

Seit dem 2. Weltkrieg hat sich die Einwohnerzahl mehr als verdoppelt. Gemäß Einwohnermeldeamt der Stadt Ingelheim am Rhein (Stand 2008), leben 26.082 Einwohner in Ingelheim und gilt somit als eine Mittelstadt.

Derzeit werden mehrere neue Projekte zur Verbesserung der Infrastruktur und des Gewerbes geplant beziehungsweise umgesetzt. Dazu zählt unter anderem auch der Neubau eines neuen Stadtzentrums im Bereich Bahnhof- und Georg-Rückert-Straße (Stadtverwaltung Ingelheim am Rhein 2010).

2.2 Lage, Topografie, Nutzungen und naturräumliche Gliederung

Die Stadt Ingelheim am Rhein liegt im Bundesland Rheinland-Pfalz (vgl. Abbildung 1a) und ist Kreisstadt des Landkreises Mainz-Bingen.

Abbildung 1: a) Übersichtskarte zur Lage der Stadt Ingelheim am Rhein
(Google Maps 2011)

Sie untergliedert sich in die 6 Stadtteile: Ober-Ingelheim, Nieder-Ingelheim, Frei-Weinheim, Ingelheim-West, Sporkenheim und Groß-Winternheim. Die Stadt erstreckt sich nördlich vom Rheinufer bis hinein ins südlich gelegene Selztal und erreicht Höhenlagen von 80 m über NN am Hafen bis 248 m über NN am Mainzer Berg. Die Gemarkungsfläche der Stadt Ingelheim umfasst 4.986 Hektar. Davon werden 27,5 % als Ackerland, 25 % als Garten- und Obstanbau, 13,6 % für Weinbau, 2 % als Erholungsfläche, 6% Wasser und 6 % als Grünland und Wald genutzt. Die Gebäude und Betriebsflächen entsprechen ca. 13,5 %. Die Verkehrsfläche beträgt 6,4 % der Gesamtfläche. Neben dem Waldareal im Gemarkungsgebiet besitzt die Stadt Ingelheim auch eine große Waldfläche mit ca. 1.200 ha bei Rheinböllen im Hunsrück. (Stadtverwaltung Ingelheim am Rhein 2010).

Die bedeutendsten Verkehrswege sind die Autobahn A60 und die Bahnlinie Mainz-Bingen-Köln.

Die Ingelheimer Gemarkungsfläche gehört zu den Naturräumen „Rheinhessisches Tafel- und Hügelland" und „Ingelheim-Mainzer Rheinebene". Sie erstreckt sich über die naturräumlichen Untereinheiten „Mainz-Ingelheimer Sand", „Mainz-Gaulsheimer Rheinaue" und „Unteres Selztal". Zu den „Ausraumzonen" gehören die Rheinebene und das Selztal. Angrenzende Naturräume sind „Gau-Algesheimer-Terrasse", „Ostplateau", „Westplateau", „Wackernheimer Randstufe" und „Rheinhessische Randstufe" (Landesamt für Umwelt, Wasserwirtschaft und Gewerbeaufsicht Rheinland Pfalz (Hrsg.) 2010). Der Raum Ingelheim ist Bestandteil des Landschaftsschutzgebietes „Rheinhessisches Rheingebiet". Nördlich der Stadt liegen die Naturschutzgebiete „Sandlache", „Fulderaue-Ilmenaue" und „Ingelheimer Dünen und Sande". Die Naturschutzgebiete „Nordausläufer Westerberg" und „Hangflächen um den Heidesheimer Weg" liegen südlich beziehungsweise östlich der Stadt. Des Weiteren ist die Rheinaue vor Ingelheim Bestandteil des Ökologischen Netzes „Natura 2000" (Ministerium für Umwelt, Forsten und Verbraucherschutz Rheinland-Pfalz (Hrsg.) op.).

2.3 Klima, Boden und Geologie

Die Stadt Ingelheim am Rhein befindet sich in der gemäßigten Klimazone mit sommerwarmem und winterkaltem Übergangsklima (Neef 1993). Aufgrund der milden Winter, einer hohen mittleren Jahresdurchschnittstemperatur von 9,8 °C und einer geringen mittleren Jahresniederschlagsmenge von 560 mm hat sie ein warmtrockenes Klima. Somit werden die Ansiedlung und Ausbreitung von Pflanzen aus mediterranen oder subtropischen Regionen begünstigt. Des Weiteren spielen dabei auch die Besonderheiten des Stadtklimas im Vergleich zum Umland eine wesentliche Rolle. Dies sind vor allem die Auswirkungen der Bodenversiegelung und Bebauung, da sie zu einer verminderten Versickerung und Verdunstung des Oberflächenwassers führen. Aufgrund dessen kommt es zu einem abgesenkten Grundwasserspiegel. Ein weiterer wichtiger Faktor sind die bebauten Flächen, da sie ein höheres Wärmespeichervermögen haben, welches zu höheren Durchschnittstemperaturen im gesamten Jahresverlauf führen. Hinzu kommen verminderte Luftfeuchtigkeit und – Luftaustauschprozesse und die Zunahme von Boden-, Wasser- und Luftverunreinigungen (Gilbert 1994).

Im Bereich der Rhein- und Selzaue findet man vor allem Auen- und Hochflutsedimente, insbesondere Sand und sandigen Lehm aus dem Holozän. In den Stadtteilen Ingelheim-West und Nieder-Ingelheim sind kalkhaltige Flugsanddünen aus dem Pleistozän-Holozän vorherrschend. Kalkhaltiger Löss und Lösslehm aus dem Pleistozän sind im südlichen Bereich der Stadt und im Selztal vorhanden (Wagner 1931).
Die Sandanteile der verschiedenen Bodenarten ermöglichen eine schnelle Erwärmung, eine gute Durchwurzelung und eine hohe Durchlüftung.

3 Material und Methoden

3.1 Auswahl und Beschreibung der Aufnahmeflächen

Im 2. Kapitel wurden bereits die Grundlagendaten zur Gemarkung und dem Siedlungsbereich der Stadt Ingelheim am Rhein dargestellt. Im folgenden Kapitel sollen nun die einzelnen Aufnahmeflächen der Kartierung (vgl. Abbildung 1b) näher beschrieben werden. Ein wichtiges Kriterium bei der Auswahl dieser Flächen war die Reduzierung des Untersuchungsgebietes auf einige charakteristische Siedlungsstrukturtypen. Dies soll den Vergleich mit den Ergebnissen aus anderen Städten ermöglichen. Es sollte jedoch berücksichtigt werden, dass einige städtische Strukturtypen in einer Aufnahmefläche zusammengefasst werden. Dies ist durch deren räumliche Nähe zueinander begründet. Des Weiteren ist zu beachten, dass der innerstädtische Bereich nicht untersucht wurde, da hier in 2010 mit größeren Baumaßnahmen begonnen wurde.

Die Strukturtypen sind ein Wohngebiet mit der typischen Bebauungsform von Ein- und Mehrfamilienhäusern, einem Spielplatz und einer Brachfläche sowie städtische Grün- und Parkanlagen. Weitere Strukturtypen sind eine Stadtbrache, Straßen und Fahrradwege, Gleisanlagen, ein Gewerbe- und ein Industriegebiet, stadtnahe Gewässer und städtische Friedhöfe. Diese Abgrenzung der Strukturtypen wird auch von Gilbert und Wittig verwendet (Gilbert 1994 und Wittig 2002).

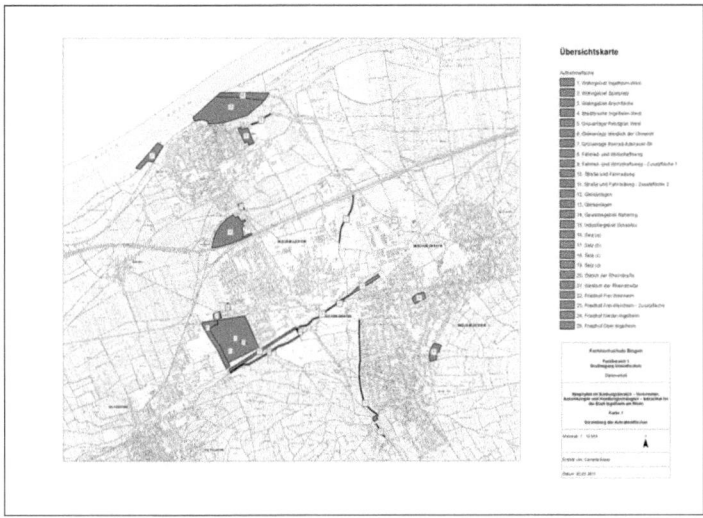

Abbildung 1: b) Übersichtskarte der Aufnahmeflächen, Ingelheim am Rhein, 2010

3.1.1 Wohngebiet

Die Bestandsaufnahme von Neophyten in einem Wohngebiet wurde am Beispiel von Ingelheim-West durchgeführt. Es wurde in den 1960er Jahren erbaut und liegt am westlichen Rand des Siedlungsbereiches und der Gemarkung der Stadt Ingelheim am Rhein. Nördlich des Gebietes liegt die Binger Straße und an der südlichen Grenze verläuft die Eisenbahntrasse Mainz-Koblenz (vgl. 3.2.4). Dominierende Bebauungstypen sind Ein- und Mehrfamilienhäuser, oft mit großflächigen Ziergärten. Die im Wohngebiet verlaufenden Straßen und Bürgersteige sind komplett asphaltiert und mit noch jungen und dadurch kaum Schatten spendenden Straßenbäumen und Ziersträuchern bepflanzt. Somit kommt es im Sommer zu einer starken Erwärmung des Bodens. Aufgrund des hohen Versiegelungsgrades und der starken Nutzung beziehungsweise Trittbelastung ist für spontane Vegetation nahezu kein Platz vorhanden.

Innerhalb des Wohngebietes, Ecke Weimarer und Eisenacher Straße, liegt eine noch unbebaute (Brach-) Fläche. Sie befindet sich in Privatbesitz, ist jedoch nicht eingezäunt und besitzt den Charakter ruderaler Wiesen. Im Laufe der Untersuchung konnte festgestellt werden, dass die Fläche mindestens zweimal im Jahr gemäht wird. Des Weiteren wurde das Vorkommen von Neophyten für den an der Magdeburger-Straße liegenden Spielplatz untersucht. Die Ränder des Spielplatzes sind mit Ziersträuchern beziehungsweise am östlichen Rand mit Nadelbäumen bepflanzt. Die übrige Fläche zeichnet sich durch freien Sandboden aus. Beide Aufnahmeflächen liegen in der unmittelbaren Nähe der Wohnhäuser und Privatgärten.

Die gesamte Aufnahmefläche wurde unterteilt in den Spielplatz, mit einer Größe von ca. 1068m², die Brachfläche, mit ca. 3036m² und die Ränder von Straßen und Fußwegen des Wohngebietes.

3.1.2 Stadtbrachen

Das Vorkommen von Neophyten auf Brachen wurde am Beispiel einer Fläche in Ingelheim West untersucht. Die Fläche liegt am äußeren westlichen Rand des Siedlungsbereiches und der Gemarkung der Stadt Ingelheim am Rhein. Sie liegt nördlich der Binger-Straße, östlich der Neisser-Straße und in im näheren Umfeld von Wohngebieten, Ackerland sowie neu gebauten Gewerbebetrieben. Die Aufnahmefläche dieses städtischen Ökosystems hat eine Größe von ca. 6.146m².

Im Bebauungsplan ist diese Fläche als Mischgebiet gemäß § 6 Baunutzungsverordnung (BauNVO) ausgewiesen. Dies bedeutet, dass das Gebiet dem Wohnen und der Unterbringung von Gewerbebetrieben dient, jedoch das Wohnen nicht wesentlich beeinträchtigt (BauNVO 1990). Im Bestandsplan des Jahres 2000 sind die damaligen 4 Flurstücke dieser Fläche, von Westen nach Osten gesehen, folgendermaßen dargestellt: Ackerland, geschotterter Weg, Niederstamm Obstkulturen auf nährstoffreichen ruderalen Wiesen und Brachen sowie im süd-östlichen Eck nährstoffärmere, teils lückenhafte Vegetation mit Beteiligung von Arten der Sandrasen und Nachtkerzengesellschaften (Stadtverwaltung Ingelheim, Fölsch 2010). Ein Vergleich der Luftbilder von 2005 mit den Luftbildern von 2010 und eine Ortsbegehung ergaben: Änderungen der Flurstückgrenzen, Neubau einer asphaltierten Straße (Neisser-Straße) westlich des ehemals geschotterten Weges und mehreren Gewerbebetrieben, sowie den Bau von Unterflurcontainern nebst eines Parkplatzes mit Sträuchern als Randbegrünung. Innerhalb der Aufnahmefläche ist der ehemalige geschotterte Weg zum Teil noch deutlich erkennbar.

3.1.3 Städtische Grün- und Parkanlagen

Eine Vielzahl der nicht einheimischen Pflanzenarten wurde aufgrund ihres exotischen Aussehens und ihrer Anpassungsfähigkeit an die Besonderheiten des Stadtklimas als Zierpflanzen für städtische Gärten und Parkanlagen eingeführt. Eine Vielzahl dieser Pflanzen stellt kein naturschutzfachliches Problem dar. Andere Arten besitzen jedoch aufgrund ihrer Biologie das Potenzial, sich über eine sehr effektive vegetative und generative Vermehrung auszubreiten und durchzusetzen. Daher bieten städtische Grün- und Parkanlagen einen wesentlichen Ausgangspunkt und Ausbreitungsweg für Neophyten.

Grünanlage: Randgrün West

Die Grünanlage Randgrün West liegt am äußeren westlichen Rand des Siedlungsbereiches und der Gemarkung der Stadt Ingelheim am Rhein an der Grenze zur Stadt Gau- Algesheim. Die Fläche befindet sich südlich der Rheinstraße, nördlich der Eisenbahntrasse Mainz-Koblenz und wird im Westen durch das in Kapitel 3.1.1 dargestellte Wohngebiet begrenzt. Die gesamte Fläche der Grünanlage ist, ohne Bolzplätze und Spielplätze gerechnet, ca. 37900m² groß. Eine Grünfläche von ca. 2500m² wird zweimal im Jahr gemulcht, die restliche Fläche wird der freien Sukzession überlassen. Im nördlichen Bereich dominieren Wiesen und am Rand gelegene Gehölzstreifen (vgl. Abbildung 2a). Die gesamte Grünanlage und insbesondere der Spielplatz werden stark von den Anwohnern und Spaziergängern genutzt. Des Weiteren treten hier auch zum Teil unerwünschte Anpflanzungen durch angrenzende Kleingärtner auf. Der südliche Bereich (vgl. Abbildung 2b) liegt innerhalb beziehungsweise in unmittelbarer Nähe zu dem Gebiet „Düne und Steppenrasen an der Bahnlinie Südwest Ingelheim", welches zu den Biotoptypen der gesetzlich geschützten Biotope zählt (Breuer und Lehr 2007). Wichtige Biotoptypen hierbei sind die subkontinentalen Halbtrocken- und Steppenrasen sowie trockene Hochstaudenfluren. Diese Fläche hat demzufolge einen hohen Erhaltungswert, da sie einen Lebensraum für in Erde grabende, Sand und Wärme liebende Arten bietet (Breuer und Lehr 2007).
Die gesamte Aufnahmefläche der Grünanlage wurde aufgrund ihrer Lage und der unterschiedlichen Nutzung und Pflege in zwei Teilbereiche untergliedert. Der nördliche Teilbereich (a) hat eine Größe von 21.900m² und beinhaltet Wiesen mit angrenzenden Gehölzstreifen. Der südliche Teilbereich (b) hat eine Fläche von ca. 16.000m² und wird, im Vergleich zum nördlichen Bereich, weniger gepflegt und durch Anwohner genutzt.

Abbildung 2: a) Nördlicher Teilbereich der Grünanlage Randgrün West

Abbildung 2: b) Südlicher Teilbereich der Grünanlage Randgrün West

Grünanlage: Westlich der Ulmenstraße

Die Grünanlage westlich der Ulmenstraße liegt im Stadtteil Ingelheim West und nördlich der Binger Straße. Von dieser Grünanlage wurde nur ein kleiner Teilbereich, 2687 m², an der Königsberger Straße kartiert. Angrenzend an diese Aufnahmefläche liegt östlich die Theodor-Heuss-Schule, nördlich ein Spielplatz und westlich ein Gewerbegebiet. Die gesamte Grünanlage wird von Spaziergängern und der Teilbereich als Spielplatz genutzt.

Grünanlage: Konrad-Adenauer-Straße

Die Grünanlage Konrad-Adenauer-Straße liegt im Stadtteil Frei-Weinheim an der Kreuzung Konrad-Adenauer- und Rheinstraße. Die Aufnahmefläche hat eine Größe von ca. 2.452m². Sie umfasst sowohl die städtische Grünanlage als auch den an ihr angrenzenden Parkplatz und einen Teilbereich der an ihr direkt angrenzenden Grünfläche. Diese Aufnahmefläche befindet sich in unmittelbarer Nähe des Westteils des Naturschutzgebietes „Ingelheimer Düne und Sande" und enthält Biotoptypen der gesetzlich geschützten Biotope. Hierzu zählen vor allem die Düne mit Sandrasenfragmenten und brachgefallenes Magergrünland, nebst dem Vorkommen seltener Tier- und Pflanzenarten, als Schutz- beziehungsweise Erhaltungswürdig (Dörr und Hohmann 2006).

3.1.4 Verkehrswege

Die Hauptverkehrswege Eisenbahn, Autobahn, Hauptstraßen sowie Fahrrad- und Wirtschaftswege sind effektive Ausbreitungskorridore für Neophyten. Sie stellen ein weit verzweigtes Netz linearer Sonderstandorte dar, die sich durch Offenheit, den Eintrag von Luftschadstoffen durch Kraftfahrzeugverkehr und Salzeinfluss erheblich von angrenzenden Lebensräumen unterscheiden. Somit bieten diese den salztoleranten, trocken- und herbizidresistenten Arten einen Konkurrenzvorteil gegenüber heimischen Arten. Daher werden auch oft nicht einheimische Bäume und Sträucher an Verkehrswegen angepflanzt und auch nicht beabsichtigte Neophyten finden hier einen Lebensraum (Kowarik 2010).

Straßen, Fahrrad- und Wirtschaftswege

Diese Aufnahmefläche beinhaltet die beidseitigen Randstreifen von jeweils 1,0 Meter Breite entlang der Gau Algesheimer-Straße und der Binger Straße vom Stadtteil Ingelheim West bis zur Ingelheimer Stadtmitte. Sie befindet sich in unmittelbarer Nähe zur Eisenbahntrasse Mainz-Koblenz. Die Ausdehnung dieser Aufnahmefläche beläuft sich, ohne die asphaltierte Fläche, auf ca. 3488 m². Diese wird sowohl als Fuß- und Fahrradweg, als auch als Wirtschaftsweg für die umliegenden Weinberge genutzt. Sie wird zum Teil von brachliegenden oder bewirtschafteten Kleingärten und Pferdekoppeln begrenzt. Im westlichen Bereich wird diese Aufnahmefläche zu einem integrierten Fuß- / Fahrradweg entlang der Binger Straße und der Eisenbahntrasse. Die Aufnahmefläche endet an der Kreuzung „Binger Straße" und der Straße „An der Grießmühle". Diese Trasse wird allgemein stark genutzt. Aufgrund der asphaltierten Fläche kommt es im Sommer zu einer starken Erwärmung des Untergrundes, sowie zu einer verminderten Versickerung des Niederschlages. Außerdem sind die Randstreifen durch Abgase und Streusalze belastet. Die Randstreifen, jeweils 1,0 Meter breit, werden entlang der Wirtschaftswege 1 x pro Jahr im Sommer gemulcht und sind als Pflegeklasse 5 eingestuft (Stemmler 2010). Hinzu kommen zwei Flächen die etwas abseits dieser Aufnahmefläche liegen, jedoch wegen ihres auffällig großen Vorkommens von *Ailanthus altissima* mit einbezogen wurden. Zusatzfläche 1 hat hierbei eine Größe von ca.1073 m² und liegt an der Gau Algesheimer-Straße im direkten Umfeld zur Eisenbahntrasse. Zusatzfläche 2, mit einer Größe von ca. 365 m², liegt am Kreuzungsbereich „Binger Straße" und der Straße „An der Grießmühle".

Gleisanlagen

Die Eisenbahntrasse Mainz – Koblenz verläuft in Ingelheim von Nordost nach Südwest. . Diese Aufnahmefläche erstreckt sich von den Gleisanlagen in Ingelheim West bis hin zum Bahnhof im Ingelheimer Stadtzentrum im Stadtteil Nieder-Ingelheim. Die Fläche befindet sich nicht in städtischem Besitz, sondern ist Eigentum der Deutschen Bahn. Dennoch wurden die Gleisanlagen im Siedlungsbereich der Stadt Ingelheim am Rhein als ein städtischer Strukturtyp mit einbezogen. Grund hierfür ist, dass sich potentiell invasive Neophyten- Arten durch ihre ökologische Anpassungsfähigkeit und ihre biologischen Vermehrungsmechanismen, besonders an regionalen und europaweiten Verkehrsnetzen ausbreiten können. Die gesamte Aufnahmefläche hat eine Größe von ca. 58.161m². Der Bahnkörper, das heißt der Schotterdamm auf dem die Gleise verlegt sind, ist gekennzeichnet durch extreme Trockenheit und Sonneneinstrahlung, sowie Belastung durch Salz- und Herbizideinsatz (Gilbert 1994). Die Kartierung der Neophyten am Bahnkörper konnte aufgrund der schwierigen Zugänglichkeit nur teilweise durchgeführt werden. Der erste Teilbereich der Aufnahmefläche befindet sich in Ingelheim-West nördlich der Gau-Algesheimer-Straße. Nördlich des Bereiches liegt ein Wohngebiet und südlich eine größtenteils unbebaute Fläche sowie mehrere Kleingärten. Der zweite Teilbereich ist das Bahnhofsgelände im Innerstädtischen Bereich. Dieser ist sowohl nördlich als auch südlich von bebauten Flächen umgeben.

Im Gleisbereich werden regelmäßige Vegetationskontrollen durchgeführt, bei denen die Herbizidwirkstoffe Glyphosat, Flazasulfuron und Flumioxazin zum Einsatz kommen. Außerhalb des Gleisbereiches werden Gehölze durch Rückschnittmaßnahmen entfernt, wenn sie eine Gefährdung für den Bahnbetrieb oder für Dritte darstellen oder Schäden an Bauwerken verursachen können. Des Weiteren werden diese Bereiche durch Mäh- oder Mulcharbeiten gepflegt (Below 2011).

3.1.5 Gewerbe- und Industriegebiete

Gewerbe- und Industriegebiete sind meist gekennzeichnet durch stark versiegelte Flächen und damit einhergehende Trockenheit und hohe Sonneneinstrahlung sowie extreme Belastungen durch diverse Luftschadstoffe, Salz- und Herbizideinsatz sowie Störungen durch Kraftfahrzeuge. Aufgrund dessen ist kaum Lebensraum für Vegetation vorhanden. Selbst angepflanzte, stadtverträgliche Gehölze und Sträucher benötigen viel Pflege, um an diesen Extremstandorten bestehen zu können.

<u>Gewerbegebiet Nahering</u>

Das Gewerbegebiet Nahering ist begrenzt durch die Autobahn A 60 mit der Abfahrt Ingelheim West, die Bundesstraße 41, die Konrad-Adenauer-Straße und die Rheinstraße. Das gesamte Gewerbegebiet ist aufgrund der vielseitigen Nutzung stark versiegelt. Hierbei ist jedoch zu beachten, dass innerhalb der Parkplatzflächen einzelne kleine Verkehrsinseln, zum Teil mit derzeit noch jungen Bäumen bepflanzt, unversiegelt sind. Die südlichen Randstreifen des Gewerbegebietes sind gekennzeichnet durch Gehölzstreifen. Im nördlichen Bereich sind die unbebauten Randflächen gekennzeichnet durch offene Rasenflächen und nur lückenhaft vorkommende, angepflanzte Ziersträucher. Innerhalb der Kartierung konnte festgestellt werden, dass die nördlichen Rasenflächen und die Verkehrsinseln wahrscheinlich mindestens zweimal pro Jahr, Mai/Juni und Juli/August gemäht werden. Das gesamte Gewerbegebiet hat eine Größe von ca. 107.232 m². Von dieser Fläche wurden drei Teilbereiche untersucht. Zum einen zwei Verkehrsinseln (a), mit einer jeweiligen Fläche von ca. 15 m², die innerhalb des versiegelten Bereiches liegen und zwei Grünflächen, die an die versiegelte Hauptnutzungsfläche angrenzen. Die erste Grünfläche (b) hat eine Ausdehnung von ca. 1.552m² und liegt an einem Fußweg, der als Zugang zum Gewerbegebiet genutzt wird. Außerdem liegt diese Fläche zwischen dem Gewerbegebiet und der Autobahn A60 und hat somit auch die Funktion einer Randbegrünung, als Sichtschutz und zur Lärm- und Abgasminderung. Die zweite Grünfläche (c) hat eine Größe von ca. 435 m² und wird als Werbefläche für die angrenzenden Betriebe genutzt.

Industriegebiet Schaafau

Das Industriegebiet Schaafau liegt im Stadtteil Nieder-Ingelheim an der Konrad-Adenauer-Straße zwischen der Max-Planck-Straße und der Straße „Am Großmarkt". Von diesem Gebiet konnte nur eine kleine Fläche untersucht werden, da die restlichen Bereiche nicht öffentlich zugänglich waren. Diese Aufnahmefläche hat eine Größe von ca. 973m² und liegt zwischen der Max-Planck-Straße und der Straße „Im Blumengarten". Sie wird als Parkfläche genutzt, ist jedoch nicht versiegelt und wird von Störungen durch Kraftfahrzeugverkehr und den damit einhergehenden Luftverunreinigungen beeinflusst. Des Weiteren wurden im näheren Umfeld dieser Aufnahmefläche oftmals gebietsfremde Arten angepflanzt.

3.1.6 Gewässer

Selz

Die Selz entspringt bei Orbis am nördlichen Rand des Donnersbergkreises in einer Höhe von 320 Meter über NN. Sie durchfließt das rheinhessische Hügelland in nördlicher Richtung und mündet nach einer Laufstrecke von ca. 63 km östlich von Frei-Weinheim, in einer Höhe von 79 Meter über NN, in den Rhein. Das Einzugsgebiet der Selz umfasst 375 km² und ist eine von alters her dicht besiedelte und landwirtschaftlich intensiv genutzte Kulturlandschaft. Der Abfluss bei Mittelwasser beträgt am Pegel Ober-Ingelheim 0,77 m³ / s und kann bei extremem Hochwasser auf das 30-fache ansteigen.

Die Selz ist oberhalb von Alzey als Gewässer III. Ordnung und unterhalb von Alzey bis zur Mündung als Gewässer II. Ordnung eingestuft. An dem Gewässer und der Aue wurden zugunsten der Landnutzung, dem Bau von Wassermühlen und anderen Infrastrukturmaßnahmen mehrfach Laufveränderungen und Ausbaumaßnahmen vorgenommen. In den Jahren 1969 bis 1975 wurde die Selz im Bereich Ingelheim auf einer Streckenlänge von 9,48 Kilometern als Trapezprofil ausgebaut und die Böschungen bis zur Mittelwasserlinie mit Bongossi-Lattenverbau befestigt. Aufgrund der Laufbegradigung, dem Uferverbau und der intensiven Nutzung und Bebauung der Gewässerrandstreifen wurde die Gewässerstrukturgüte als sehr stark bis vollständig verändert (Klasse 6 und 7) eingestuft. Die Gewässergüte der Selz im Bereich der Stadt Ingelheim am Rhein wird als mäßig belastet (Klasse II) eingestuft (Ministerium für Umwelt und Forsten – Mainz, 2004). Der Selzverband bekämpft seit einigen Jahren *Heracleum mantegazzianum* (Herkulesstaude) entlang des gesamten Selzufers, da deren Verbreitung große Ausmaße angenommen hat. Die Bepflanzungen im Uferbereich der Selz im Ingelheimer Stadtgebiet wurden größtenteils in den 70er Jahren vorgenommen (Krings 2010).

Unter Berücksichtigung der oben dargestellten Grundlagen wurden die Aufnahmeflächen der Selz im Siedlungsbereich der Stadt Ingelheim am Rhein unterteilt in:

a) Mündungsbereich (Stromkilometer: 0,0 bis ca. 0,6 Kilometer): Befindet sich innerhalb der Rheinaue (vgl. Rheinaue) und die Fläche hat eine Größe von ca. 3.600m².

b) Ortsnaher Bereich (Stromkilometer: von ca. 2,5 bis ca. 3,4 Kilometer): Die Gewässerrandstreifen sind beidseitig mit unterschiedlichen hochwüchsigen Gehölzen bepflanzt. Der westlich angrenzende Weg ist nicht asphaltiert und wird nur selten durch Kraftfahrzeuge genutzt. Daher ist die Aufnahmefläche einer geringeren Belastung durch direkten Eintrag von Luftschadstoffen und Streusalzen ausgesetzt. Hierbei sollte jedoch beachtet werden, dass sich westlich dieser Aufnahmefläche sowohl eine Kläranlage der Selz als auch das pharmazeutische Werk Boehringer befindet. Die Aufnahmefläche hat eine Größe von ca. 6.000m².

c) Bebaute Ortslage (Stromkilometer: von ca. 4,9 bis 6,1 Kilometer) in Ober-Ingelheim: Die Gewässerrandstreifen sind beidseitig mit unterschiedlichen hochwüchsigen Gehölzen bepflanzt. Im östlichen Bereich sind sie geprägt durch einen integrierten und stark genutzten Fuß- / Fahrradweg, regional auch als „Selztalweg" bekannt, sowie ein angrenzendes Wohngebiet inklusive Kleingärten. Im westlichen Bereich liegen diverse Ackerflächen, Kleingärten und die Verbindungsstraße L428 zum Stadtteil Groß- Winternheim. Die Aufnahmefläche hat eine Größe von ca. 8.000m². Zu ihr zählen auch die Randstreifen des Kreisverkehrs der Verbindungsstraße (L428) im Stadtteil Ober- Ingelheim, da diese direkt an die Gewässerrandstreifen angrenzen.

Der Selztalweg wird im Siedlungsbereich bis zu dreimal pro Jahr gemulcht (Stemmler 2010).

d) Zusatzfläche: Außerdem wurde eine Zusatzfläche (d), die in Höhe des Ortsausgangs von Ober-Ingelheim, zwischen dem Lärmschutzwall der L428 und dem weiterführenden Selztalradweg nach Groß-Winternheim liegt, kartiert. Diese Fläche hat eine Größe von ca. 2.000m². Ein wesentlicher Unterschied zu den anderen Bereichen ist, dass sie nicht als Gewässerrandstreifen zählt. Dennoch liegt sie im Gewässerumfeld der Selz und ist durch den regionalen Selztalradweg mit den Gewässerrandstreifen verbunden und sollte daher nicht außer Acht gelassen werden.

Rheinaue: östlich und westlich der Rheinstraße

Die Aufnahmefläche der Rheinaue befindet sich im Stadtteil Frei-Weinheim, in der Nähe der Hafenmole und unterteilt sich in die zwei Teilbereiche östlich, mit einer Größe von ca. 210.000m² und westlich der Rheinstraße, mit einer Größe von ca. 800m². Beide Bereiche sind durch die unterschiedlichsten Freizeitnutzungen geprägt. Im Vergleich wird der östliche Bereich aufgrund des Rheinauen-Erlebnispfades, der Spielplätze und verschiedener Feste täglich stark durch Spaziergänger und Familien genutzt. Aufgrund dessen wird diese Fläche durch eine extensive Mahd 1 bis 2 Mal im Jahr gepflegt. Der westliche Teilbereich wird geprägt von Yachthafen, Strandbad und Wochenendhäusern und wird in den kommenden Jahren überplant (Beek 2010). Beide Bereiche sind durch die typische Auendynamik und –Vegetation, wie Weich-, Hartholzaue und Feuchtwiesen, gekennzeichnet. Der östliche Teilbereich liegt angrenzend an das Naturschutzgebiet „Sandlache". Dieses Gebiet hat ein hohes Inventar an Biotoptypen, Pflanzengesellschaften und rechtlich geschützten Pflanzenarten.

3.1.7 Städtische Friedhöfe

Im Siedlungsbereich der Stadt Ingelheim am Rhein wurden drei städtische Friedhöfe als Aufnahmefläche gewählt. Sie liegen in Frei-Weinheim an der Schubertstraße, in Nieder-Ingelheim an der Georg Scheuing-Straße und in Ober-Ingelheim an der Rotweinstraße. Die Rasen- und Wiesenflächen aller Friedhöfe werden in der Saison zwischen April bis Oktober durchschnittlich alle 4 bis 5 Wochen gemulcht (Pflegeklasse 2), bei Bedarf und zu besonderen Anlässen auch in kürzeren Abständen (Stemmler 2010).Der Friedhof in Frei--Weinheim, mit einer Größe von ca. 22.000m², liegt am äußeren Rand der bebauten Fläche und in der Nähe des Dammes zur Rheinaue. Aufgrund dessen wurde auch der Weg vom Friedhof bis zum Damm kartiert. Diese Zusatzfläche bemisst ca. 8.000m² und liegt in einem Bereich der durch Streuobstwiesen und offen gelassene Gärten gekennzeichnet ist. Hierbei sollte beachtet werden, dass dieser Friedhof demnächst ausgebaut werden soll (Stemmler 2009). Der Friedhof in Nieder-Ingelheim liegt innerhalb des innerstädtischen Bereiches. Im Gegensatz dazu liegt der Friedhof in Ober-Ingelheim, mit einer Größe von ca. 18.900m², am äußeren Rand der bebauten Fläche und in näherer Umgebung zu den angrenzenden Weinbergen.

3.2   Darstellung des verwendeten Materials und der Untersuchungsmethodik

3.2.1   Kartierung

Gemäß der in Kapitel 1 dargestellten Begriffsdefinition sind Neophyten, Pflanzenarten die nach 1492 in einem Gebiet erstmals auftraten. Demzufolge ist der Status einer Pflanzenart nicht zwangsläufig für alle Bundesländer Deutschlands einheitlich. So gilt beispielsweise *Juglans regia* (Echte Walnuss) in Sachsen als unbeständiger Neophyt, in Rheinland-Pfalz jedoch als Archäophyt. Dies lässt sich anhand der unterschiedlichen historischen Entwicklung und Besiedlung erklären: So wurde in Rheinland-Pfalz *Juglans regia* bereits um 300 v. Chr. von den Römern kultiviert. Daher wurden bei der vorliegenden Untersuchung nur die vorkommenden Arten kartiert, die gemäß Rothmaler (2005) in Rheinland-Pfalz als Neophyten gelten. Die Bestimmung beziehungsweise Nomenklatur der Arten erfolgte nach Rothmaler 2005. Im Rahmen dieser Arbeit konnten jedoch nicht alle im Siedlungsbereich der Stadt Ingelheim am Rhein vorkommenden Neophyten erfasst werden. Ein wesentlicher Grund hierfür ist zum einen der begrenzte Zeitrahmen für die Durchführung der Freilandarbeiten und zum andern, dass die Vorkommen einiger Arten, wie beispielsweise die Neophyten der *Oenothera* (L.) – Nachtkerzen, nur durch eine genetische Bestimmung belegbar sind.

Für die Aufnahmeflächen (vgl. Kapitel 3.1) wurden neben den dort vorkommenden Neophyten-Arten auch deren jeweilige Artmächtigkeit, das heißt die Verbindung von der Individuenzahl (Abundanz) und deren Deckung (Dominanz in %), nach Braun-Blanquet (Tremp 2005) ermittelt . Hierbei handelt es sich um eine flächengebundene Vegetationsaufnahme, wobei die jeweilige Ausdehnung der Aufnahmefläche (in m²) als 100 % angesehen wird. Die Artmächtigkeit wird in sieben Klassen (vgl. Tabelle 1) unterteilt.

Tabelle 1: Die Abundanz-Dominanz-Schätzskala nach Braun-Blanquet (Tremp 2005)

Artmächtigkeit	Deckung (%)	Abundanz (Individuenzahl)
r	-	Selten, meist nur ein Individuum
+	<1	Spärlich
1	1 bis 5	Reichlich, mehr als sechs Individuen
2	5 bis 25	zahlreich
3	25 bis 50	-
4	50 bis 75	-
5	75 bis 100	-

Die Datenerfassung im Freiland unterteilte sich in drei Kartierungsdurchgänge. Auf Grund der unterschiedlichen Entwicklungsoptima der Arten im Jahresverlauf (Phänologie), insbesondere deren Blühphase, ergaben sich die folgenden Zeiträume: Erster Durchgang von Mai bis Juni 2010, zweiter Durchgang von Juni bis Juli 2010 und den dritten Durchgang von August bis September 2010.

Es sollte beachtet werden, dass die Ausdehnung der Aufnahmeflächen und somit auch die Bestandsaufnahme der Neophyten nur für die öffentlich zugänglichen Bereiche möglich war. Des Weiteren sollte berücksichtigt werden, dass einige Arten, vor allem *Senecio inaequidens* (Schmalblättriges Greiskraut), erst nach dem Kartierungszeitraum ihr absolutes Optimum erreichen.

Für die Kartierung der Neophyten-Wuchsorte wurde ein Persönlicher Digitaler Assistent (PDA) mit einem Global Positioning System (GPS) und einem mobilen Geoinformationssystem (GIS), hier ArcPad 7.0 von ESRI (ESRI 2009), verwendet.

3.2.2 Auswertung der Ergebnisse

Die Neophyten, deren Status und Kartierungsergebnisse einen für die Stadt Ingelheim potenziell problematischen Aspekt aufweisen, wurden näher beschrieben. Somit wurden von den 13 kartierten Neophytenarten, die gemäß dem Bundesamt für Naturschutz als potentiell invasiv beziehungsweise invasiv gelten, 11 Arten vorgestellt. Diese Auswahl beruht auf einer Vorstudie in 2009. Die Arten, die nicht näher vorgestellt werden kamen nur in sehr wenigen Exemplaren und dann auch nur als gezielt angepflanzte Individuen im Siedlungsbereich vor. Wesentliche Bestandteile sind deren biologische Merkmale, Ökologie, Ausbreitungsgeschichte und Areal, Status der Invasivität, sowie Auswirkungen auf Arten, Biotope und auf den Menschen. Diese Angaben basieren auf einer Literaturrecherche. Außerdem wird das Verhalten der Art gegenüber wichtigen Standortfaktoren anhand der Zeigerwerte nach Ellenberg (1991) verdeutlicht. Hierbei ist zu beachten, dass sich diese Werte auf das ökologische Verhalten unter Freilandbedingungen, das heißt bei starker natürlicher Konkurrenz, bezieht und nicht auf das physiologische Optimum.

Die Darstellung der Kartierungsergebnisse, das heißt vorkommende Neophyten-Arten und deren Artmächtigkeit, erfolgt anhand von Tabellen und Karten. Zu beachten ist, dass sich die Artmächtigkeiten auf die im Kapitel 3.2 dargestellten Kartierungszeiträume, das heißt die zeitlichen Entwicklungsoptima der Neophyten- Arten (vgl. Kapitel 4.1, Biologische Merkmale), beziehen. In den Tabellen werden jedoch alle Kartierungszeiträume zusammengefasst. Das bedeutet, dass Arten die im Mai/Juni ihr Entwicklungsoptima erreichen neben Arten stehen die dieses erst im Juli/August erlangen. Somit darf die Artmächtigkeit, insbesondere die Flächendeckung der Arten, nicht summiert werden, da sie zeitlich nicht miteinander korrelieren.

Die Karten wurden mit einem GIS- Programm, ArcGIS- ArcEditor 9.3.1 von ESRI (ESRI 2009), bearbeitet. Für alle in ArcMap erstellten Karten wurde das Deutsche Hauptdreiecknetz (DHDN) 3 Degree Gauss Zone 3 als Koordinatensystem gewählt. Wichtige Grundlagendaten zu deren Erstellung sind die Digitale Topografische Karte 1:5000 (DTK5) von 2008 sowie die Luftbilder von Ingelheim aus den Jahren 2005 und 2010 des Landesamtes für Vermessung und Geobasisinformation Rheinland-Pfalz.

3.2.3 Handlungsstrategien

Damit eine Aussage zur Notwendigkeit von Handlungsstrategien gemacht werden kann, wurden die Neophyten, deren Status und Kartierungsergebnisse einen für die Stadt Ingelheim am Rhein potenziell problematischen Aspekt aufweisen, in ein dreigliedriges Listensystem, das bedeutet eine Schwarze, eine Graue und eine Weiße Liste (vgl. Kapitel 1.2), eingeteilt. Hierbei sind negative Auswirkungen auf die Naturschutzziele, das heißt insbesondere auf die Biodiversität, das entscheidende Hauptkriterium.

Damit eine Art in die Schwarze oder Graue Liste eingestuft wird, muss mindestens eines der folgenden Kriterien belegt sein oder begründete Annahmen dazu bestehen:

1.a) Interspezifische Konkurrenz,

1.b) Prädation und Herbivorie,

1.c) Hybridisierung,

1.d) Krankheits- und Parasitenübertragung und

1.e) Negative ökosystemare Auswirkungen (Essl et al.2008).

1. f) Negative Auswirkungen auf die menschliche Gesundheit

Da es sich bei dieser Untersuchung um ein Siedlungsgebiet, das heißt eine Verdichtung von Wohnen und Arbeiten des Menschen, handelt, müssen auch die negativen Auswirkungen auf die menschliche Gesundheit mit einbezogen werden. Daher wurde dies als ein weiteres Kriterium hinzugenommen.

Die Zugehörigkeit zu den Unterkategorien innerhalb der Schwarzen Liste entscheidet sich anhand des Vorhandenseins von Sofortmaßnahmen und der Verbreitung der jeweiligen Art. Somit gilt: Auf die Aktionsliste kommen Arten, deren Verbreitung kleinräumig ist und für die Sofortmaßnahmen möglich sind. Im Vergleich hierzu gehören Arten zur Managementliste, wenn ihr Vorkommen schon so großräumig ist, dass keine geeigneten Sofortmaßnahmen mehr möglich sind. Für die Einstufung in die Graue Liste, mit der Unterkategorie Beobachtungsliste, müssen mindestens vier der folgenden Kriterien erfüllt sein:

3.a) Lebensraumbindung,

3.b) Reproduktionspotenzial,

3.c) Ausbreitungspotenzial,

3.d) Ausbreitungsverlauf,

3.e) Lebensform und –weise und

3.f) Förderung durch Klimawandel (Essl et al. 2008).

4 Ergebnisse der Bestandsaufnahme

In den vorgestellten Aufnahmeflächen (siehe Kapitel 3.1) des Siedlungsbereiches der Stadt Ingelheim am Rhein wurden insgesamt 28 Pflanzenarten mit dem Status Neophyt kartiert (vgl. Tabelle 2). Nach der Einstufung des Bundesamtes für Naturschutz gelten derzeit 13 der kartierten Neophyten als potenziell invasive beziehungsweise invasive Arten (Bundesamt für Naturschutz (Hrsg.) op.). In den folgenden Kapiteln werden nur die invasiven und innerhalb dieses Kriteriums insbesondere die für die Stadt Ingelheim am Rhein potenziell problematischen Neophyten näher vorgestellt (Kapitel 4.1). Des Weiteren werden die Ergebnisse zum Vorkommen nebst Artmächtigkeit aller kartierten Neophyten in Bezug zu den jeweiligen Stadtstrukturtypen aufgezeigt (Kapitel 4.2).

Tabelle 2: Übersicht zur Bestandsaufnahme der im Siedlungsbereich der Stadt Ingelheim am Rhein vorkommenden Neophyten

Botanischer Name (Rothmaler 2005)	Deutscher Name (Rothmaler 2005)	Status in Rheinland-Pfalz, Autor (Rothmaler 2005)	Potenziell-/ Invasiv (BfN 2008)
Acer negundo	Eschen-Ahorn	Neophyt, L.	x
Ailanthus altissima	Drüsiger Götterbaum	Neophyt, (Mill.) Swingle	x
Amaranthus retroflexus	Zurückgebogener Fuchsschwanz	Neophyt, L.	x
Atriplex sagittata	Glanz-Melde	Neophyt, Borkh.	
Berteroa incana	Graukresse	Neophyt, (L.) DC.	
Buddleja davidii	Gewöhnlicher Sommerflieder	Neophyt, Franch.	x
Bunias orientalis	Orientalische Zackenschote	Neophyt, L.	x
Cardaria draba	Pfeilkresse	Neophyt, (L.) Desv.	
Conyza canadensis	Kanadisches Berufkraut	Neophyt, (L.) Cronquist	
Cynodon dactylon	Gewöhnliches Hundszahngras	Neophyt, (L.) Pers.	
Diplotaxis muralis	Mauer-Doppelsame	Neophyt, (L.)DC.	
Diplotaxis tenuifolia	Schmalblättriger Doppelsame	Neophyt, (L.)DC.	

Erigeron annuus	Einjähriger Feinstrahl	Neophyt, (L.)Pers.	
Fallopia baldschuanica	Schling-Flügelknöterich	Neophyt, (Regel) Holub	
Fallopia japonica	Japanischer Flügelknöterich	Neophyt, (Houtt.) Ronse Decr.	x
Geranium pyrenaicum	Pyrenäen Storchschnabel	Neophyt, Burm.f.	
Impatiens parviflora	Kleinblütiges Springkraut	Neophyt, DC.	x
Mahonia aquifolium	Mahonie	Neophyt, (Pursh) Nutt.	
Medicago x varia	Bastard Luzerne	Neophyt, Martyn	
Rhus hirta	Essigbaum	Neophyt, (L.) Sudw.	x
Robinia pseudoacacia	Robinie	Neophyt, L.	x
Senecio inaequidens	Schmalblättriges Greiskraut	Neophyt, DC.	x
Senecio vernalis	Frühlings Greiskraut	Neophyt, Waldst.et Kit.	
Solidago canadensis	Kanadische Goldrute	Neophyt, L.	x
Solidago gigantea	Riesen-Goldrute	Neophyt, Aiton	x
Symphoricarpos albus	Weiße Schneebeere	Neophyt, (L.) S.F.Blake	x
Syringa vulgaris	Gewöhnlicher Flieder	Neophyt, L.	
Vicia villosa	Zottel Wicke	Neophyt, Roth.	

4.1 Allgemeine Artenbeschreibung und Ausbreitungspotenziale der im Untersuchungsgebiet vorkommenden Neophyten

Wie eingangs beschrieben werden im Folgenden nur die Neophyten näher vorgestellt, deren Status und Kartierungsergebnisse einen für die Stadt Ingelheim potenziell problematischen Aspekt aufweisen.

4.1.1 *Ailanthus altissima* (Mill.) Swingle - Drüsiger Götterbaum

Artname, Taxonomie und biologische Merkmale

Ailanthus altissima (vgl. Abbildung 3) gehört zur Familie *Simaroubaceae* (DC.) – Bittereschengewächse und ist in Nord-China beheimatet. Dieser sommergrüne Baum wird bis zu 25 Meter hoch, aber meist nur etwa 50 Jahre alt. Seine markantesten Merkmale sind die wechselständigen, einfach gefiederten, bis zu 1 Meter langen Blätter und die mit weißen Längsstreifen gemusterte Rinde. Die Fiederblättchen sind ganzrandig, besitzen jedoch am Grund Zähne mit je einer Drüse. Seine Blüten sind grünlich-gelb und stehen von Juni bis Juli in reichblütigen großen Rispen. Die Bestäubung erfolgt durch Insekten. Auffällig sind auch seine zahlreichen Nussfrüchte mit rötlich gefärbten Flügeln, da sie auch über den Herbst hinweg hängen bleiben (Rothmaler 2005).

Abbildung 3: *Ailanthus altissima*, Grünanlage Randgrün West, August 2010

Ökologie

Das Vorkommen von *Ailanthus altissima* im Gefälle der Umweltfaktoren unter Freilandbedingungen wird anhand von Zeigerwerten (Ellenberg 1991) beschrieben (vgl. Tabelle 3) und bezieht sich auf das westliche Mitteleuropa, insbesondere auf Westdeutschland.

Tabelle 3: Übersicht der Zeigerwerte zum ökologischen Verhalten von *Ailanthus altissima* (Ellenberg 1991)

Zeigerwert	Ziffer	Erläuterung
Lichtzahl	8	Lichtpflanze, kommt nur ausnahmsweise bei weniger als 40% relative Beleuchtungsstärke vor
Temperaturzahl	8	Wärmezeiger bis extremer Wärmezeiger, meist mit submediterranem Schwerpunkt
Kontinentalitätszahl	2*	Ozeanisch, Schwerpunkt im westlichen Mitteleuropa
Feuchtezahl	5	Frischezeiger, Schwerpunkt auf mittelfeuchten Böden, auf nassen sowie öfter austrocknenden Böden fehlend
Reaktionszahl	7*	Schwachsäure- bis Schwachbasenzeiger
Stickstoffzahl	8*	Stickstoffzeiger
Salzzahl	0	nicht salzertragend
* unsichere Einstufungen		

Die Einstufung zum Vorkommen im Gefälle der Salzkonzentration im Wurzelbereich steht allerdings im Widerspruch zu seinen häufigsten Verbreitungsschwerpunkten an öffentlichen Verkehrswegen in urbanindustriellen Lebensräumen (Rothmaler 2005 und Kowarik 2010).

Ausbreitungsgeschichte und Areal

Das ursprüngliche Verbreitungsgebiet von *Ailanthus altissima* umfasst große Teile Chinas bis hin zum nördlichen Vietnam. Verwendung findet er dort seit langem in der Volksmedizin, als Holzlieferant und zur Ernährung von Seidenraupen.

Er gelangte gegen 1740 nach Paris, dies jedoch durch eine Verwechslung von dem Jesuiten Pierre d`Incarville: Dieser hoffte ursprünglich den Europäern den Lackbaum *Rhus verniciflua*, dessen Saft zur Herstellung von Lackmöbeln gebraucht wurde, verfügbar zu machen. Der Götterbaum fand dennoch rasch Verbreitung und gelangte 1751 nach London und wurde 1780 in Berlin kultiviert. 1856 wurde aus China der Ailanthus-Spinner *Samia cynthia* zur Seidenproduktion eingeführt. Somit entstanden in Norditalien und Frankreich Götterbaum-Plantagen zur Herstellung von Seide, welche jedoch mit der Einführung von Kunstseide obsolet waren (Kowarik 2010).

Die Verwilderung, Ausbreitung und Etablierung des Götterbaums begann jedoch erst nach 1945, als er städtische Trümmerflächen als Ausgangspunkt für den Aufbau spontaner Populationen nutzte (Kowarik 2003). Wegen der exotischen Anmutung seines Laubes, seiner Raschwüchsigkeit, seiner dekorativen Früchte, seiner Unempfindlichkeit gegenüber Luftverunreinigungen (Rank 1997) und Resistenz gegenüber Insekten wurde er im 20. Jh. zum beliebten Park- und Straßenbaum (Kowarik 2010). Im Zeitraum von 1960 bis 1970 wurde er auch häufig in der Stadt Ingelheim am Rhein als Straßenbaum angepflanzt, der sich sehr gut in dem urbanen Umfeld behauptete (Markert und Stemmler 2010).

Aktuelle Vorkommen in Europa sind im Mittelmeergebiet und in den wärmsten Gebieten Mittel- und Südosteuropas zu verzeichnen. In Deutschland sind seine derzeitigen Verbreitungsschwerpunkte urbanindustrielle Lebensräume und wärmebegünstigte Regionen, sowie ostdeutsche Trockengebiete, das Ruhr- und das Rhein-Main-Gebiet. Häufige Standorte hierbei sind trockene bis frische städtische Ruderalstellen wie Mauerspalten, Bahn- und Industriegelände, sowie Brachflächen, Grünanlagen, Straßenböschungen, Vorwälder, selten auch naturnahe xerotherme Wälder (Rothmaler 2005). Er gehört in Großstädten zu den häufigsten nichteinheimischen Gehölzarten (Kowarik und Böcker 1982). Obwohl er in Deutschland als eine urbanophile Art gilt, wachsen seit wenigen Jahren größere Populationen auch an siedlungsfernen Straßen- und Eisenbahntrassen und dringen zum Teil auch in naturnahe Lebensgemeinschaften ein. Dies könnte eine Folge der Klimaerwärmung sein (Kowarik 2010). Im Vergleich hierzu kommt er im Mittelmeergebiet schon seit längerem auch siedlungsfern auf einem breiten Standortspektrum vor, das neben urbanen Lebensräumen auch Trockenwälder, Magerrasen, Felsstandorte und Auen umfasst (Kowarik 1983b, Gutte et al. 1987, Kowarik 2010).

Ausbreitungspotenzial und Invasivität

In Deutschland und auch in anderen europäischen Staaten gilt *Ailanthus altissima* als eine invasive beziehungsweise potenziell invasive Art. In der Schweiz steht er bereits auf der Schwarzen Liste der invasiven Neophyten (Bundesamt für Naturschutz (Hrsg.) op.).

Wichtige Faktoren für seine schnelle Ausbreitung sind die Kombination eines sehr starken Höhenwachstums, besonders effektiver generativer und vegetativer Vermehrung und einer breiten standörtlichen Amplitude (Kowarik 2010). Er produziert zahlreiche Früchte, die als Wintersteher über einen langen Zeitraum mit dem Wind ausgebreitet werden, zum Teil auch bis zum Sommer des Folgejahres. Die Ausbreitung über Anemochorie erfolgt meist im Umkreis von weniger als 200 Metern, aber in fließendem Wasser ist die potenzielle Entfernung deutlich größer (Kowarik 2010). Die Samen bleiben etwa ein Jahr lang keimfähig und auf nährstoffreichen, sonnigen und konkurrenzarmen Standorten können die Keimlinge bis zu einem Meter hoch werden (Kowarik 2010). Seine vegetative Vermehrung erfolgt durch Wurzelsprosse, die selbst im schattigen Unterwuchs ungestörter Bestände erscheinen, und Stockausschläge, die bis zu drei Meter im Jahr wachsen und weit über einen Meter lange Blätter tragen. Daher tritt er meist nicht als Einzelpflanze auf, sondern in kleinen Gruppen beziehungsweise Kolonien, und führt somit zu einer schnellen Beschattung des Bodens, wodurch er gegenüber anderen Pflanzen einen großen Konkurrenzvorteil besitzt. Beides, sowohl Stockausschlag als auch Wurzelsprosse, werden durch mechanische Beschädigung des Stammes stark stimuliert (Kowarik 2010). Dies konnte auch im Verlauf der Kartierung in Ingelheim beobachtet werden. In Abbildung 4 von August 2010 sind Stockausschläge von *Ailanthus altissima* aus Bäumen, die im April abgesägten wurden, zu sehen.

Abbildung 4: Stockausschlag *Ailanthus altissima*, Bahn- und Fahrradtrasse in der Stadt Ingelheim am Rhein. August 2010

Versuche in der Klimakammer haben gezeigt, dass *Ailanthus altissima* allgemein durch höhere Temperaturen begünstigt wird und deutlich stärker wächst als *Acer negundo* (Eschen-Ahorn). Es wurde festgestellt, dass bei erhöhter Temperatur mehr Biomasse als bei der Vergleichsart in die Wurzeln investiert wird. Dadurch kann eine gute Wasserversorgung in trockenen und warmen Gebieten gewährleistet werden. Kühlere Bedingungen und Frost auch unter -20°C werden zwar ertragen, führten jedoch zu starken Wachstumseinbußen, starkem Zurückfrieren und verminderter Vitalität (Kowarik 2010). Somit wird der positive Effekt des Stadtklimas auf die Ausbreitung von *Ailanthus altissima* deutlich: In Städten sind Frostschäden im Vergleich zum Umland vermindert, das Höhenwachstum und die Toleranz gegenüber Trockenheit und Wärme sind dagegen erhöht. Daher ist in den nächsten Jahren, eventuell noch verstärkt durch den Klimawandel, mit einer steigenden Ausbreitungstendenz von *Ailanthus altissima* in Städten, aber auch in wärmebegünstigten naturnahen Lebensräumen in weiten Teilen Mitteleuropas zu rechnen (Ellenberg 1991, Rothmaler 2005, Kowarik 2010).

Auswirkungen auf Arten, Biotope und auf den Menschen

Intensiver Kontakt mit dem Pflanzensaft des *Ailanthus altissima*, vor allem mit den Bitterstoffen der Rinde und Blätter, kann zu Hautschädigungen und weiteren gesundheitlichen Beeinträchtigungen führen, sodass das Tragen einer Schutzkleidung bei der Bekämpfung empfohlen wird. Die Pollen gelten zudem als allergen. Im Vergleich zu *Heracleum mantegazzianum* (Herkulesstaude) und *Ambrosia artemisiifolia* (Beifußblättrige Ambrosie) sind die gesundheitlichen Risiken bislang als wesentlich geringer einzuschätzen. Die Inhaltsstoffe von *Ailanthus altissima* sind für die pharmakologische Forschung von großer Bedeutung (Kowarik 2010).

In Deutschland gelten die urbanen *Ailanthus altissima* -Vorkommen ebenso wie die wenigen in naturnaher Umgebung bislang als weitgehend unproblematisch. Positiv gesehen wird die spontane Begrünungsfunktion auf urbanindustriellen Standorten und der damit verbundenen Ökosystemdienstleistungen (Kowarik 2010). Kritisch zu sehen ist jedoch die Ausbreitung in schutzwürdige Mager- und Felsrasen, auf Trockenrasen (Kowarik 2010) und Sandmagerrasen, da er hier durch sein dichtes Wachstum typische und oft gefährdete Arten wie zum Beispiel *Helichrysum arenarium* (Sand-Strohblume) verdrängen kann. Diese Art kommt in Rheinland-Pfalz nur zerstreut vor und gilt als besonders geschützt. In den Ingelheimer Sandgebieten können entsprechende Standorte von *Helichrysum arenarium* mit expansivem *Ailanthus altissima* –Vorkommen in deren Umgebung beobachtet werden. Außerdem gilt er in Städten ebenfalls als problematisch, da aufgrund seines starken Wachstums und den damit verbundenen Schäden an Bauwerken beziehungsweise Verkehrswegen und der starken Konkurrenz mit anderen gepflanzten Gehölzen ein erhöhter Pflegeaufwand nötig wird.

4.1.2 *Amaranthus retroflexus* L. – Zurückgebogener Fuchsschwanz

Artname, Taxonomie und biologische Merkmale

Amaranthus retroflexus (vgl. Abbildung 5) gehört zur Familie der Amaranthaceae (Adans.) – Amarantgewächse und ist eine sommerannuelle, krautige Pflanze. Sie ist blassgrün und erreicht eine Wuchshöhe bis zu einem Meter. Der Stängel ist dicht flaumig-zottig behaart und an der Spitze häufig zurückgekrümmt. Die Blätter sind rhombisch-eiförmig. Ihre unscheinbaren grünlichen Blüten sitzen in dichten ährigen Blütenständen und blühen von Juli bis September (Rothmaler 2005).

Abbildung 5: *Amaranthus retroflexus*, Fahrradweg im Stadtteil Ingelheim West, August 2010

Ökologie

Das Vorkommen von *Amaranthus retroflexus* im Gefälle der Umweltfaktoren unter Freilandbedingungen wird anhand von Zeigerwerten (Ellenberg 1991) beschrieben (vgl. Tabelle 4) und bezieht sich auf das westliche Mitteleuropa, insbesondere auf Westdeutschland.

Tabelle 4: Übersicht der Zeigerwerte zum ökologischen Verhalten von
Amaranthus retroflexus (Ellenberg 1991)

Zeigerwert	Ziffer	Erläuterung
Lichtzahl	8	Lichtpflanze, kommt nur ausnahmsweise bei weniger als 40% relative Beleuchtungsstärke vor
Temperaturzahl	7	Wärmezeiger, im nördlichen Mitteleuropa nur in relativ warmen Tieflagen
Kontinentalitätszahl	6	subkontinental
Feuchtezahl	4	Trocknis- bis Frischezeiger
Reaktionszahl	7*	Schwachsäure- bis Schwachbasenzeiger
Stickstoffzahl	7	auf stickstoffreichen Standorten häufig
Salzzahl	1*	salzertragend, meist auf salzarmen Böden (0-0,1% Cl)
* unsichere Einstufungen		

Amaranthus retroflexus gehört zu dem Fotosynthesetyp C_4 und ist somit sehr gut an trockene und stark besonnte Standorte angepasst.

Ausbreitungsgeschichte und Areal

Amaranthus retroflexus stammt aus Nordamerika und wurde im 18. Jahrhundert mit Handelsgütern nach Europa eingeschleppt. 1815 wurden die ersten Vorkommen in Deutschland nachgewiesen. Das Verbreitungsgebiet von *Amaranthus retroflexus* hat sich durch anthropogene Einflüsse stark erweitert. Häufige Vorkommen der Art sind auf trocknen bis frischen Ruderalstellen, wie Schutt, Umschlagplätze und Weg- und Straßenränder sowie auf nährstoffreichen Äckern, insbesondere in Hackkulturen. Des Weiteren kommt sie in Weinbergen und zum Teil auch an Flussufern vor (Kowarik 2010 und Rothmaler 2005).

Ausbreitungspotenzial und Invasivität

Die Ausbreitung von *Amaranthus retroflexus* erfolgt zum einen durch eine hohe Samenproduktion. Diese sind sehr langlebig, frosthart und werden durch hohe Temperaturen in der Keimung gefördert. Außerdem sind sie gut schwimmfähig, wodurch sich diese Art an Flüssen weit ausbreiten kann. Weitere wichtige Verbreitungsarten sind durch die Verdauungsausbreitung von Vögeln, Kleb- und Klettausbreitung sowie durch anthropogene Ausbreitung, wie beispielsweise Transport von Erde, beziehungsweise Saatgut, oder Anhaftungen an Kraftfahrzeugen (Kowarik 2003 und Rothmaler 2005).

Amaranthus retroflexus gilt derzeit in Deutschland, sowie allen Nachbarstaaten als ein problematisches Ackerunkraut, da er eine Konkurrenz zu den Feldfrüchten darstellt. Die Vorkommen außerhalb von Ackerflächen gelten jedoch als unproblematisch. Dennoch sollte hierbei beachtet werden, dass für diese Wärme liebende Art im Zuge der Klimaerwärmung eine steigende Ausbreitungstendenz erwartet wird und sie somit an Bedeutung stark zunehmen wird (Kowarik 2003, 2010). Daher kann man sie, gemäß dem derzeitigen Wissensstand, als potentiell invasiv einschätzen.

Auswirkungen auf Arten, Biotope und auf den Menschen

Amaranthus retroflexus beeinträchtigt, wie oben dargestellt, vor allem landwirtschaftlich geprägte Lebensräume. Gründe hierfür sind zum einen die Konkurrenzwirkung auf Feldfrüchte und zum anderen die wirtschaftlichen Auswirkungen durch steigende Kosten der Unkrautregulierung. Daher wird er derzeit im Rahmen der landwirtschaftlichen Unkrautregulierung bekämpft. Zu beachten ist jedoch, dass sowohl herbizidresistente Formen der Art auftreten als auch Vergiftungen von Rindern und Schweinen durch Aufnahme großer Mengen der Pflanze in Amerika beschrieben wurden. Auswirkungen auf die menschliche Gesundheit und naturschutzrelevante Arten sind derzeit nicht bekannt (Kowarik 2010).

4.1.3 *Bunias orentalis*. – Orientalische Zackenschote

Artname, Taxonomie und biologische Merkmale

Bunias orientalis (vgl. Abbildung 6) gehört zur Familie der *Brassicaceae* (Burnett) – Kreuzblütengewächse und wird 0,25 bis 1,2 Meter hoch. Sie ist eine ausdauernde und raschwüchsige Halbrosettenpflanze. Der obere Stängelteil und Blütenstand ist rot drüsigwarzig. Die Blätter sind länglich, buchtig fiederteilig mit großem dreieckigem oder spießförmigem Endabschnitt. Die gelben Blüten erscheinen von Mai bis August und werden von Insekten bestäubt (Rothmaler 2005).

Abbildung 6: *Bunias orientalis,* auf den Randstreifen des Kreisverkehrs der Verbindungsstraße L428 in Ober-Ingelheim, Mai 2010

Ökologie

Das Vorkommen von *Bunias orientalis* im Gefälle der Umweltfaktoren unter Freilandbedingungen wird anhand von Zeigerwerten (Ellenberg 1991) beschrieben (vgl. Tabelle 5) und bezieht sich auf das westliche Mitteleuropa, insbesondere auf Westdeutschland.

Tabelle 5: Übersicht der Zeigerwerte zum ökologischen Verhalten von *Bunias orientalis* (Ellenberg 1991)

Zeigerwert	Ziffer	Erläuterung
Lichtzahl	7	Halblichtpflanze, meist bei vollem Licht, aber auch bis etwa 30% relative Beleuchtungsstärke vorkommend
Temperaturzahl	6	Mäßigwärmezeiger bis Wärmezeiger
Kontinentalitätszahl	5	intermediär, schwach subozeanisch bis schwach subkontinental
Feuchtezahl	5	Frischezeiger, Schwerpunkt auf mittelfeuchten Böden, auf nassen sowie öfter austrocknenden Böden fehlend
Reaktionszahl	8	zwischen Schwachsäure- bis Schwachbasenzeiger und Basen- und Kalkzeiger, meist auf Kalk weisend
Stickstoffzahl	5	mäßig stickstoffreiche Standorte anzeigend
Salzzahl	0	nicht salzertragend

Ausbreitungsgeschichte und Areal

Das Areal von *Bunias orientalis* reicht von Südosteuropa bis nach Sibirien. Zu Beginn des 19.Jahrhunderts soll sie im Futtergetreide bis nach Mitteleuropa gelangt sein und hat sich seit dem mit zunehmender Tendenz über weite Teile Ost- und Mitteleuropas ausgebreitet. Nachdem anfangs nur Einzelfunde gemeldet wurden, treten seit 1980 zahlreiche Dominanzbestände auf. *Bunias orientalis* kommt besonders häufig an Straßenrändern vor, aber auch als Ackerunkraut im Grünland, in Weinbergen, an Uferböschungen und auf mäßig trockenen bis frischen Ruderalstellen. Die Art bevorzugt sommerwarme Standorte mit nährstoffreichen Böden. Massenvorkommen konzentrieren sich auf die warmen Muschelkalkgebiete Nordbayerns, Thüringen und Hessens, dringt aber auch in die Lössgebiete Mitteldeutschlands vor. Diese Vorkommen gehen wahrscheinlich auf den anthropogenen Transport von Diasporen und Wurzelfragmenten im Bodenmaterial zurück (Kowarik 2010).

Ausbreitungspotenzial und Invasivität

Der Etablierungserfolg von *Bunias orientalis* lässt sich anhand ihrer Raschwüchsigkeit erklären. Die Art gelangt bereits im Jahr nach der Keimung zur Blüte und kann somit schneller als mögliche einheimische Konkurrenten dichte Populationen aufbauen. Bodenstörungen fördern sowohl die vegetative Regeneration als auch die Keimungsaktivität, die bis in den Sommer hineinreicht. Des Weiteren wird sie durch anthropogene Nutzungen, wie beispielsweise Mahd und Nährstoffanreicherungen begünstigt. Dies ist auf ihr ökologisches Verhalten zurückzuführen, da sie sowohl nährstoffreiche Böden als auch viel Licht benötigt und die Mahd vermindert die Konkurrenz beschattender Arten. Daher konzentrieren sich ihre Vorkommen auf frühe bis mittlere Sukzessionsstadien auf nährstoffreichen Böden. Im Gegensatz dazu wird *Bunias orientalis* im Verlauf einer ungestörten Sukzession auf mittlere Sicht von größeren, beschattenden Konkurrenten verdrängt (Kowarik 2010). Ein zweiter Erfolgsfaktor ist, dass die Art, auch wenn öfter als zweimal pro Jahr gemäht wird, mehrere Jahre überdauern kann und sich aus Wurzelfragmenten sehr rasch regenerieren kann (Kowarik 2010). Die Staude bildet zahlreiche Samen, die zwischen Juli und dem folgenden Frühjahr ausfallen. Die Fernausbreitung der Samen erfolgt nicht durch natürliche Mechanismen sondern ausschließlich durch anthropogene Einflüsse, wie beispielsweise Transport von Bodenmaterial (Kowarik 2010). Des Weiteren wird *Bunias orientalis* auch heute noch mit Saatgut und Getreide verbreitet (Heinrich 1985). In den Weinbergen wird die Staude vereinzelt als Unkraut bekämpft. Ein Eindringen in die ungestörte Vegetation ist nicht zu erwarten (Kowarik 2010).

Bunias orientalis ist in vielen Nachbarländern häufig und wird in der Schweiz auf der vorläufigen „Watch-List" als besonders zu beachtender Neophyt geführt (Radkowitsch 2006).

Auswirkungen auf Arten, Biotope und auf den Menschen

Anhand des oben dargestellten Ausbreitungspotenzials wird deutlich, dass *Bunias orientalis* besonders in landwirtschaftlich geprägten Lebensräumen, vor allem im Grünland, dauerhafte Dominanzbestände bilden kann. Dies gilt insbesondere für selten oder unregelmäßig geschnittene Grünlandflächen oder Trockenrasen. In diesen Bereichen könnten zukünftig heimische oder charakteristische Grünlandarten verdrängt werden. Daher sollten Vorkommen im Grünland, Äckern und Weinbergen weiter beobachtet werden (Kowarik

2010). Außerdem bietet die Art aufgrund ihrer Nektarspendenden Blüten eine wichtige Futterquelle für verschiedene Hummeln- und Bienenarten. Dies kann jedoch auch zur Konkurrenz um Bestäuber und demzufolge auch zur Benachteiligung von einheimischen Pflanzen führen (Radkowitsch 2006). Die Massenvorkommen von *Bunias orientalis* an Straßenrändern sind Indikatoren für anthropogene Störungen und füllen potentielle sekundäre Lebensräume von heimischen Arten. Hierbei sollte bedacht werden, dass auch andere Randeinflüsse auf diese Arten einwirken und deren naturschutzfachliche Bedeutung nicht überschätzt wird. Die schnelle Begrünung, inklusive einem attraktiven Blühaspekt, von Erdaufschüttungen sollte dabei ebenfalls bedacht werden (Kowarik 2010).

Bislang sind keine Auswirkungen von *Bunias orientalis* auf die menschliche Gesundheit bekannt. Im wirtschaftlichen Bereich sind zwar noch keine Auswirkungen bekannt, aber eventuelle Ertragseinbußen durch verstärktes Vorkommen im Wirtschaftsgrünland oder auf Äckern sind nicht auszuschließen (Bundesamt für Naturschutz (Hrsg.) op.).

4.1.4 *Fallopia japonica* (Houtt.) Ronse Decr. – Japanischer Flügelknöterich

Artname, Taxonomie und biologische Merkmale

Fallopia japonica (vgl. Abbildung 7) gehört zur Familie der *Polygonaceae* (Juss.) – Knöterichgewächse und ist auch unter den Synonymen *Reynoutria japonica* oder *Polygonum cuspidatum* bekannt. Die Taxonomie wurde erst 1901 geklärt, dennoch wird die Art auch heute noch sowohl unter *Reynoutria* als auch *Fallopia* beschrieben. *Fallopia japonica* ist eine kräftige Rhizomstaude mit vielen aufrechten, meist 1,5 bis 3 Meter hohen Sprossen. Diese sind hohl und deutlich rot gefleckt. Die lederartigen Blätter sind breit eiförmig, haben eine schmale Spitze und sind am Blattgrund rechtwinklig gestutzt. Sie erreichen eine Länge von 10 bis 20 cm und eine Breite von 13 cm. Die weißen Blüten erscheinen von August bis September und werden von Insekten, vor allem Fliegen, bestäubt (Rothmaler 2005).

Abbildung 7: Fallopia japonica, August 2010

Ökologie

Das Vorkommen von *Fallopia japonica* im Gefälle der Umweltfaktoren unter Freilandbedingungen wird anhand von Zeigerwerten (Ellenberg 1991) beschrieben (vgl. Tabelle 6) und bezieht sich auf das westliche Mitteleuropa, insbesondere auf Westdeutschland. Hierbei ist zu beachten, dass die Art unter dem Synonym *Reynoutria japonica* beschrieben wird.

Tabelle 6: Übersicht der Zeigerwerte zum ökologischen Verhalten von *Reynoutria (Fallopia) japonica* (Ellenberg 1991)

Zeigerwert	Ziffer	Erläuterung
Lichtzahl	8	Lichtpflanze, kommt nur ausnahmsweise bei weniger als 40% relative Beleuchtungsstärke vor
Temperaturzahl	6	Mäßigwärme- bis Wärmezeiger
Kontinentalitätszahl	2	ozeanisch, Schwerpunkt im westlichen Mitteleuropa
Feuchtezahl	8 =	Feuchte- bis Nässezeiger, = Überschwemmungszeiger, auf mehr oder minder regelmäßig überschwemmten Böden
Reaktionszahl	5	Mäßigsäurezeiger, kommt nur selten auf stark sauren und auf neutralen bis alkalischen Böden vor
Stickstoffzahl	7	auf stickstoffreichen Standorten häufig
Salzzahl	0	nicht salzertragend

Ausbreitungsgeschichte und Areal

Fallopia japonica stammt ursprünglich aus den ozeanischen und submeridionalen Gebieten Chinas, Koreas und Japans und ist dort als Heilpflanze bekannt (Kowarik 2010) . Die Art wurde 1823 als Zierpflanze für Gärten und Parkanlagen nach Europa eingeführt. Sie findet außerdem Verwendung als Viehfutter, zur Böschungsbefestigung oder zur Begrünung von Halden (Kowarik 2010). Des Weiteren können ihre Extrakte für den biologischen und integrierten Landbau, beispielsweise gegen Krautfäule an Tomaten, genutzt werden (Kowarik 2010). *Fallopia japonica* ist in West- und Mitteleuropa sowie in Teilen von Süd- und Südosteuropa sehr häufig. In Deutschland verwilderte die Art vermutlich erstmals 1872 (Rothmaler 2005). Seit ca. 1950 kommt es zu einer verstärkten Ausbreitung. Typische Ausbreitungswege sind vor allem Fließgewässer, entsorgte Gartenabfälle und Transport von rhizombelastetem Bodenmaterial. Die Verbreitungsschwerpunkte von *Fallopia japonica* sind frische bis nasse, zeitweilig überflutete Bach- und Flussufer sowie Weg- und Straßenränder, Böschungen, urbanindustrielle Brachflächen und Bahndämme. Aufgrund ihrer breiten ökologischen Amplitude kann sich diese Art rasch in den unterschiedlichsten Biotopen ausbreiten und Dominanzbestände bilden. Dies gilt vor allem für gehölzfreie oder nur lückig mit Sträuchern und Bäumen bewachsene Uferabschnitte (Rothmaler 2005 und Kowarik 2010).

Ausbreitungspotenzial und Invasivität

Fallopia japonica besitzt unterirdische, horizontal verlaufende, verzweigte Rhizome, die etwa zwei Drittel der Biomasse binden und bis zu zehn Zentimeter dick werden. Aus den Rhizomknospen können sich neue Luftsprosse oder Rhizomverzweigungen bilden. Diese treiben Anfang April aus und sterben nach den ersten Herbstfrösten ab (Kowarik 2010). Des Weiteren können auch einzelne Sprossfragmente, die beispielsweise bei Hochwasser abgerissen werden, neue Wurzeln ausbilden (Kowarik 2010). Dies ermöglicht sowohl eine effektive vegetative Ausbreitung und Regeneration als auch einen Konkurrenzvorteil gegenüber der heimischen Vegetation innerhalb des jeweiligen Lebensraumes. Diese Fähigkeit ermöglicht eine Fernausbreitung durch Fließgewässer, durch Entsorgung von Gartenabfall und durch den anthropogenen Transport von rhizombelastetem Bodenmaterial. Letzteres betrifft insbesondere wasserbauliche Erdarbeiten oder Gewässerausbau und Auffüllungen von Straßenbanketten. Nach Aufschüttungen oder Böschungsarbeiten konnte festgestellt werden, dass sich *Fallopia japonica* aus tieferen Bodenschichten, auch nach einer zwei Meter mächtigen Überschüttung, regenerieren und große Bestände ausbilden konnte. Des Weiteren wird diese Lichtliebende Art an Fließgewässern durch die Auflichtung beziehungsweise Vernichtung von Auenwäldern begünstigt (Kretz 1995 und Kowarik 2010). *Fallopia japonica* gilt in vielen Ländern West- und Mitteleuropas aufgrund der Konflikte mit den Zielen des Naturschutzes als eine invasive Art. Für diese Art wird im Zuge der Klimaerwärmung eine steigende Ausbreitungstendenz auch an bisher nicht besiedelten Standorten erwartet (Rothmaler 2005 und Kowarik 2010).

Auswirkungen auf Arten, Biotope und auf den Menschen

Eine der wichtigsten Auswirkungen von *Fallopia japonica* ist das Vorkommen von dem Hybriden *Fallopia x bohemica* (Bastard- Flügelknöterich). Dieser ist eine Kreuzung zwischen *Fallopia japonica* und *Fallopia sachalinensis* (Sachalin- Flügelknöterich). Der Hybride wurde 1942 erstmalig an anhand von Herbarbelegen wissenschaftlich in Europa nachgewiesen (Pyšek et al. 2002) und ist wahrscheinlich erst im neophytischen Areal beider Elternarten entstanden. Anhand von Mahd- und Konkurrenzversuchen konnte festgestellt werden, dass *Fallopia x bohemica* wuchsstärker als die Elternarten ist (Kowarik 2010). Das Ausmaß der Verbreitung und der einhergehenden Auswirkungen des Hybriden sind noch unklar (Kowarik 2010). Im Gegensatz dazu sind die Auswirkungen von *Fallopia japonica* auf heimische Arten und Biotope anhand des oben dargestellten Ausbreitungspotenzials klar beschrieben. Wichtige Faktoren hierbei sind die Konkurrenzstärke, die enorme Wuchshöhe und die Beblätterung, die zum einen zu einer effektiven Lichtausnutzung aber auch zu einer Beschattung der heimischen, Lichtliebenden Arten führen. Dies führt vor allem in Dominanzbeständen an den Ufern kleinerer Gewässer zur Verdrängung von heimischen Pflanzenarten und an gehölzarmen Gewässerrändern zu einer Verzögerung der Sukzession zu Auenwäldern. Hiervon sind auch einige Insektenarten betroffen, da deren Nahrungsquellen durch die *Fallopia*- Bestände zurückgedrängt werden (Kowarik 2010).

Auswirkungen von *Fallopia japonica* auf die menschliche Gesundheit sind nicht bekannt. Wirtschaftliche Auswirkungen sind vor allem steigende Kosten durch Dammschäden, die beschränkte Zugänglichkeit der Ufer zur Gewässerpflege, Schäden an Asphaltdecken und erschwerte Widernutzung von urbanindustriellen Brachflächen (Kowarik 2010). Somit sind die *Fallopia japonica*- Vorkommen, insbesondere an Fließgewässern, als sehr problematisch einzuschätzen.

4.1.5 *Impatiens parviflora* DC. – Kleinblütiges Springkraut

Artname, Taxonomie und biologische Merkmale

Impatiens parviflora (vgl. Abbildung 8) gehört zur Familie der *Balsaminaceae* (A.Rich.) – Balsaminengewächse. Diese sommerannuelle Pflanze wird 0,3 bis 0,6 Meter hoch und blüht von Juni bis September. Die Stängel sind aufrecht, oben verzweigt und kahl. Die Blätter stehen wechselständig und sind am Rand gezähnt. Die gelben Blüten haben einen geraden Sporn, werden 8 bis 18 mm lang und stehen in aufrechten Trauben. Sie werden durch Insekten, vor allem Schwebfliegen bestäubt. Die Frucht ist eine 1,5 bis 2 cm lange Kapsel, die elastisch insbesondere bei Berührung aufspringt (Rothmaler 2005).

Abbildung 8: *Impatiens parviflora*, Rheinaue östlich der Rheinstraße im Ingelheimer Stadtteil Frei-Weinheim, Juli 2010

Ökologie

Das Vorkommen von *Impatiens parviflora* im Gefälle der Umweltfaktoren unter Freilandbedingungen wird anhand von Zeigerwerten (Ellenberg 1991) beschrieben (vgl. Tabelle 7) und bezieht sich auf das westliche Mitteleuropa, insbesondere auf Westdeutschland.

Tabelle 7: Übersicht der Zeigerwerte zum ökologischen Verhalten von *Impatiens parviflora* (Ellenberg 1991)

Zeigerwert	Ziffer	Erläuterung
Lichtzahl	4	Schatten- bis Halbschattenpflanze
Temperaturzahl	6	Mäßigwärme- bis Wärmezeiger
Kontinentalitätszahl	5	intermediär, schwach subozeanisch bis schwach subkontinental
Feuchtezahl	5	Frischezeiger, Schwerpunkt auf mittelfeuchten Böden, auf nassen sowie öfter austrocknenden Böden fehlend
Reaktionszahl	x	indifferentes Verhalten, d.h. weite Amplitude oder ungleiches Verhalten in verschiedenen Gegenden
Stickstoffzahl	6	mäßig stickstoffreiche bis stickstoffreiche Standorte anzeigend
Salzzahl	0	nicht salzertragend

Ausbreitungsgeschichte und Areal

Impatiens parviflora stammt aus Mittelasien und breitete sich in Europa erstmals 1837 aus Botanischen Gärten in Dresden und Genf aus. Die Art wurde häufig wegen ihrer faszinierenden Springfrüchte in Gärten und Parks angesät. Ab ca. 1850 wurden verstärkt ruderale Fundorte gemeldet und die Art gelangte schließlich auch in siedlungsferne Bereiche. Aufgrund ihrer weiten Amplitude kommt sie sowohl auf frischen bis feuchten Waldsäume, an Waldwegen, in Hecken und Gebüschen, in Laub- und Nadelholzforsten als auch in gestörten Laubmischwäldern vor. Sie gilt als der häufigste und am weitesten verbreitete Neophyt mitteleuropäischer Wälder und Forste (Kowarik 2010 und Rothmaler 2005).

Ausbreitungspotenzial und Invasivität

Impatiens parviflora kann sich mit ihren Springfrüchten auf natürlichem Wege nur bis zu 3,4 Meter pro Jahr ausbreiten. Ihr Ausbreitungserfolg beruht vor allem auf dem anthropogenen Transport von Gartenabfällen oder von Erde, die keimfähige Samen enthält. Sie wird durch intensive Waldbewirtschaftung, den Bau von Forststraßen und die zunehmende Erholungsnutzung der Wälder gefördert. Aufgrund ihrer breiten standörtlichen Amplitude, ihrer Schattentoleranz und der nur flachen Wurzeln kann sie der Wurzelkonkurrenz der Bäume ausweichen und somit auch in ansonsten krautschichtfreien Wäldern wachsen. Hieraus wird oftmals auf eine Verarmung der Krautschicht geschlossen und die Art gilt daher als ein problematischer Neophyt (Kowarik 2010).

Auswirkungen auf Arten, Biotope und auf den Menschen

Impatiens parviflora besiedelt in Wäldern oft sonst krautschichtfreie Bereiche und füllt somit eine Nische, die von einheimischen Arten nicht besetzt werden kann (Kowarik 2010). Aufgrund der unterschiedlichen zeitlichen Entwicklungsphasen kommt es zu einer Koexistenz zwischen Frühjahrsblühern und *Impatiens parviflora*. Negative Auswirkungen auf die Naturverjüngung von Baumarten konnten bisher nicht belegt werden. Dennoch kann sie in Waldsäumen sowohl Licht- als auch Nährstoffkonkurrent für heimische Arten sein (Kowarik 2010). *Impatiens parviflora* begünstigt vor allem Schwebfliegen und Blattlaus verzehrende Insekten (Kowarik 2010). Auswirkungen auf die menschliche Gesundheit sind nicht bekannt (Starfinger und Kowarik 2005).

4.1.6 *Rhus hirta* (L.) Sudw. – Essigbaum, Kolben-Sumach

Artname, Taxonomie und biologische Merkmale

Rhus hirta (vgl. Abbildung 9) gehört zur Familie *Anacardiaceae*(Lindl.) – Sumachgewächse. Dieser sommergrüne, meist mehrstämmig, breitwüchsige Strauch beziehungsweise Baum hat eine Wuchshöhe von 3 bis 6 Meter. An seinen samtig behaarten Trieben stehen wechselständige unpaarig gefiederte Blätter. Die länglich-lanzettlichen, meist mehr als 11, Fiederblättchen haben einen gesägten Rand und sind im Herbst orange bis scharlachrot gefärbt. Seine unscheinbaren Blüten stehen von Juni bis Juli in dichten, stark behaarten, endständigen Rispen und werden von Insekten bestäubt. Die großen, kolbenartigen, dicht behaarten Fruchtstände nehmen bei der Reife eine dunkelrote Färbung an und bleiben auch über den Winter erhalten (Rothmaler 2005 und Radkowitsch 2008).

Abbildung 9: *Rhus hirta*, am Gewerbegebiet Nahering, Juli 2010

Ökologie

Für *Rhus hirta* sind keine Zeigerwerte nach Ellenberg (1991) bekannt.

Ausbreitungsgeschichte und Areal

Der Essigbaum stammt aus dem östlichen Nordamerika und wurde 1602 in Paris und 1676 in Deutschland kultiviert. Die Früchte werden teilweise als Zusatzstoff bei der Essigherstellung verwendet. Die Rinde und die Blätter dienen als Quelle für Gerbstoff. In der Imkerei dient er als Trachtpflanze für Bienen. Aufgrund seiner Widerstandsfähigkeit gegen Luftverschmutzungen, seiner auffälligen Fruchtstände und orangeroten Laubfärbung im Herbst gilt er als ein beliebtes Ziergehölz. Er wurde vor allem in den Jahren von 1960 bis 1970 in städtischen Lebensräumen, besonders in Gärten und Parkanlagen, angepflanzt. Dies trifft auch für den Siedlungsbereich der Stadt Ingelheim am Rhein zu (Amt für Umweltschutz und Grünordnung, Markert 2010). *Rhus hirta* kommt in Deutschland nur zerstreut vor. Seine derzeitigen Verbreitungsschwerpunkte sind urbanindustrielle Lebensräume und wärmebegünstigte Regionen. Sein Vorkommen auf Ruderalstellen, Straßenböschungen und Brachflächen geht vor allem auf die Verschleppung von Wurzelsprossen durch Bodenmaterial oder Gartenabfälle zurück (Rothmaler 2005 und Radkowitsch 2008).

Ausbreitungspotenzial und Invasivität

Rhus hirta gilt in Deutschland als ein Neophyt, der sich in der Etablierungsphase befindendet. Er kann sich aufgrund seiner geringen Bodenansprüche und der Fähigkeit zur Ausbildung von Wurzelsprossen auf sonnigen Standorten leicht ausbreiten. In Deutschland sind bisher keine Verwilderungen in der freien Natur bekannt. Seine Verbreitung ist derzeit zwar nur unvollkommen erfasst, aber es kann besonders in städtischen Lebensräumen mit einer steigenden Ausbreitungstendenz gerechnet werden. *Rhus hirta* ist in der Schweiz eine Art auf der Schwarzen Liste und gilt dort als invasiv beziehungsweise in anderen Nachbarländern als potentiell invasiv (Radkowitsch 2008).

Auswirkungen auf Arten, Biotope und auf den Menschen

Alle Pflanzenteile von *Rhus hirta* gelten als gering giftig. Intensiver Kontakt mit dem Milchsaft kann zu Hautentzündungen und bei oraler Aufnahme zu Magen- und Darmbeschwerden führen.

In Deutschland werden die urbanen *Rhus hirta*- Vorkommen derzeit als unproblematisch eingestuft. Dennoch wird die Verwendung als Ziergehölz nicht länger empfohlen und propagiert. Dies soll als vorbeugende Maßnahme dienen, um eine Verwilderung des Essigbaumes in die freie Natur und die damit einhergehenden aufwändigen Eindämmungsmaßnahmen zu verhindern. Ein Grund hierfür ist, dass *Rhus hirta* sehr dichte Wurzelsysteme mit zahlreichen Wurzelsprossen ausbilden kann und somit großflächige Dominanzbestände entstehen können. Durch diese intensive Durchwurzelung und Beschattung des Bodens ist er gegenüber heimischen, Licht liebenden Arten sehr konkurrenzstark und kann zu deren Verdrängung führen (Radkowitsch 2008).

4.1.7 *Robinia pseudoacacia* L. – Gewöhnliche Robinie

Artname, Taxonomie und biologische Merkmale

Robinia pseudoacacia (vgl. Abbildung 10) gehört zur Familie der *Fabaceae* (Lindl.) – den Schmetterlingsblütengewächsen. Dieser sommergrüne und bis 25 Meter hohe Baum findet Verwendung als Forst-, Park- und Straßenbaum. Der Stamm hat eine tief gefurchte, graubraune Rinde und die Nebenblätter sind zu Dornen umgebildet. Die Blätter sind wechselständig und gefiedert, wobei die 9 bis 17 Fiederblättchen eiförmig bis elliptisch geformt sind. Die weißen, schmetterlingsförmigen Blüten hängen von Mai bis Juni in den Achseln der Blätter. Die Bestäubung erfolgt vor allem durch Bienen und Hummeln. Die Borke und die Samen von *Robinia pseudoacacia* sind giftig. Als Leguminose besitzt *Robinia pseudoacacia* die Fähigkeit durch eine Symbiose mit Bakterien der Gattung *Rhizobium* in Wurzelknöllchen Luftstickstoff zu binden (Rothmaler 2005).

Abbildung 10: *Robinia pseudoacacia*, Juni 2010

Ökologie

Das Vorkommen von *Robinia pseudoacacia* im Gefälle der Umweltfaktoren unter Freilandbedingungen wird anhand von Zeigerwerten (Ellenberg 1991) beschrieben (vgl. Tabelle 8) und bezieht sich auf das westliche Mitteleuropa, insbesondere auf Westdeutschland.

Tabelle 8:   Übersicht der Zeigerwerte zum ökologischen Verhalten von
Robinia pseudoacacia (Ellenberg 1991)

Zeigerwert	Ziffer	Erläuterung
Lichtzahl	5	Halbschattenpflanze, nur ausnahmsweise im vollen Licht, meist aber bei mehr als 10% relative Beleuchtungsstärke
Temperaturzahl	6	Mäßigwärme- bis Wärmezeiger
Kontinentalitätszahl	4	subozeanisch, mit Schwerpunkt in Mitteleuropa
Feuchtezahl	4	Trocknis- bis Frischezeiger
Reaktionszahl	x	indifferentes Verhalten, d.h. weite Amplitude oder ungleiches Verhalten in verschiedenen Gegenden
Stickstoffzahl	8	Stickstoffzeiger
Salzzahl	0	nicht salzertragend

Ausbreitungsgeschichte und Areal

Robinia pseudoacacia stammt aus Nordamerika und wurde 1670 erstmals in Deutschland kultiviert. Sie ist ein etablierter Neophyt und hat sich seit 1824 stark ausgebreitet. Grund hierfür ist der verstärkte Anbau von Robinienforsten, die zum einen zur Bodenverbesserung und Bodenbefestigung, vor allem in Sandgebieten, wie beispielsweise Ingelheim am Rhein, dienten und zum anderen erhoffte man sich eine Lösung für die durch die Industrialisierung entstandene Holznot. Der Anbau von *Robinia pseudoacacia* erfolgt zum Teil auch heute noch zur Befestigung von erosionsgefährdeten Hängen beziehungsweise Böschungen, als Park- und Straßenbaum sowie zur Rekultivierung von Halden und Deponien. Des Weiteren wird derzeit darüber diskutiert, dass das Robinienholz als Alternative zu importiertem Tropenholz dienen soll. Im Allgemeinen hat das Holz der Robinie eine gute Qualität und ist gegen Holzfäule widerstandsfähig. Daher wird es als Bau- und Möbelholz, früher auch für Rebpfähle im Weinbau, sowie zur Zellstoffgewinnung und Papierherstellung verwendet. Außerdem wird *Robinia pseudoacacia* auch als Trachtpflanze für die Imkerei genutzt (Kowarik 2010).

Die aktuell stärksten Vorkommen von *Robinia pseudoacacia* in Deutschland sind in niederschlagsarmen und wärmebegünstigten Regionen. Im Oberrheingebiet kommt sie vor allem in Sandgebieten und in der Trockenaue des Rheins vor (Kowarik 2010). Sie besiedelt frische bis trockene Hänge, Ruderalstellen, wie beispielsweise Straßenböschungen und Bahndämme, sowie Brachen und Vorwälder (Rothmaler 2005). Die Art kommt demnach auf einem breiten Standortspektrum vor, meidet jedoch staunasse und stark verdichtete Böden (Böcker 1995).

Ausbreitungspotenzial und Invasivität

Robinia pseudoacacia ist eine Pionierbaumart und besitzt daher erfolgreiche vegetative und generative Vermehrungsmechanismen, um auch Flächen die natürlichen und anthropogenen Störungen unterliegen besiedeln zu können.

Sie kann schon im Alter von 6 Jahren Samen produzieren und die Früchte bleiben auch über den Winter hinweg hängen. Somit hat sie eine hohe zeitliche Ausbreitungschance, aber der Erfolg ist räumlich und standörtlich begrenzt. Grund hierfür ist, dass die Diasporen wegen ihres hohen Gewichtes nur selten mehr als 100 Meter mit dem Wind transportiert werden. Die Samen benötigen zur Keimung konkurrenzfreie und gut belichtete Standorte. Hierbei sollte jedoch beachtet werden, dass die Samen viele Jahre überdauern und durch Bodenstörungen aktiviert werden können (Kowarik 2010). *Robinia pseudoacacia* ist zur Bildung von Wurzelausläufern fähig und kann somit Dominanzbestände bilden und in geschlossene Pflanzengesellschaften, vor allem in Trockenrasen eindringen. Dies wird durch mechanische Bekämpfung und andere Störungen begünstigt. In ihrem Heimatgebiet wird die Art im Laufe der Sukzession bereits nach 20 bis 30 Jahren von höher wüchsigen, stark Schatten spendenden Bäumen verdrängt. Dies konnte jedoch nicht bei den spontanen Robinien- Vorkommen in Deutschland, auch nach mehreren Jahrzehnten, festgestellt werden. *Robinia pseudoacacia* breitet sich zunehmend, von Anpflanzungen ausgehend, an Waldrändern, Verkehrswegen, Weinbergsbrachen und auf urbanindustriellen Standorten aus. Da sie eine Wärme liebende Art ist, wird sie möglicherweise auch durch die Folgen des Klimawandels begünstigt (Starfinger und Kowarik 2003 und Kowarik 2010).

Auswirkungen auf Arten, Biotope und auf den Menschen

Robinia pseudoacacia kann durch eine Symbiose mit Bakterien in Wurzelknöllchen Luftstickstoff binden und kann somit auch nährstoffarme Standorte besiedeln. Dies ist zum einen ein wesentlicher Konkurrenzvorteil gegenüber den heimischen Baumarten und zum anderen auch ein wesentlicher Faktor für die nachhaltige Veränderung von nährstoffarmen Biotopen, beziehungsweise deren Biozönose. Letzteres wird dadurch begründet, dass der sich im Laubabfall befindliche gebundene Stickstoff durch eine rasche Zersetzung in den Boden gelangt und somit den Pflanzen verfügbar gemacht wird. Daher wachsen auf den nun durch Stickstoff angereicherten Böden auch anspruchsvolle Arten schneller und dichter. Demzufolge können Robinien-Bestände in Sandtrocken- und Kalkmagerrasen die Sukzession über längere Zeit prägen und deren oft gefährdeten Pflanzenarten und die an diese gebundenen Tierarten verdrängen (Böcker 1995 und Kowarik 2010). Daher wurden zum Beispiel im Naturschutzgebiet „Mainzer Sand" kontinuierliche Maßnahmen gegen *Robinia pseudoacacia* durchgeführt (Kowarik 2010). Des Weiteren bewirken Robinien die Bildung von Humusauflagen und eine Auflockerung von Böden. Langjähriger Robinienanbau kann jedoch auch zu einer Bodenversauerung und zu einer verminderten Bodenfruchtbarkeit führen (Berthold et al. 2005). Außerdem können Robinien-Bestände aufgrund des schnellen und starken Dickenwachstums ihrer Wurzeln auch charakteristische Kulturlandschaftselemente wie Hohlwege in Lössgebieten, hierzu zählt auch die Gemarkungsfläche der Stadt Ingelheim am Rhein, beschädigen (Wilmanns 1989).

4.1.8 *Senecio inaequidens* DC. – Schmalblättriges Greiskraut

Artname, Taxonomie und biologische Merkmale

Senecio inaequidens (vgl. Abbildung 11) gehört zur Familie der *Asteraceae* (Martinov) – den Korbblütengewächsen. Dieser immergrüne Halbstrauch wird 0,3 bis 1 Meter hoch und blüht von Juli bis November. Der Stängel ist vom Grund an stark verzweigt. Die Blätter sind linealisch bis schmal lanzettlich, fein gezähnt, jedoch durch den zurückgerollten Rand oft ganzrandig erscheinend und am Blattgrund den Stängel halbumfassend. Die gelben endständigen Blütenköpfe besitzen einen Durchmesser von 1,8 bis 2,5 cm und werden von Insekten bestäubt (Rothmaler 2005).

Abbildung 11: *Senecio inaequidens*, Gleisanlage in Ingelheim West, September 2010

Ökologie

Das Vorkommen von *Senecio inaequidens* im Gefälle der Umweltfaktoren unter Freilandbedingungen wird anhand von Zeigerwerten (Ellenberg 1991) beschrieben (vgl. Tabelle 9) und bezieht sich auf das westliche Mitteleuropa, insbesondere auf Westdeutschland.

Tabelle 9: Übersicht der Zeigerwerte zum ökologischen Verhalten von *Senecio inaequidens* (Ellenberg 1991)

Zeigerwert	Ziffer	Erläuterung
Lichtzahl	8	Lichtpflanze, kommt nur ausnahmsweise bei weniger als 40% relative Beleuchtungsstärke vor
Temperaturzahl	7	Wärmezeiger, im nördlichen Mitteleuropa nur in relativ warmen Tieflagen
Kontinentalitätszahl	?	ungeklärtes Verhalten
Feuchtezahl	3	Trockniszeiger, auf trockenen Böden häufiger vorkommend als auf frischen, auf feuchten Böden fehlend
Reaktionszahl	7*	Schwachsäure- bis Schwachbasenzeiger
Stickstoffzahl	3*	auf stickstoffarmen Standorten häufig
Salzzahl	0	nicht salzertragend
* unsichere Einstufungen		

Die Einstufung zum Vorkommen von *Senecio inaequidens* im Gefälle der Salzkonzentration im Wurzelbereich steht allerdings im Widerspruch zu deren häufigsten Verbreitungsschwerpunkten an den Rändern von Autobahnen, Straßen und Bahnlinien (Rothmaler 2005).

Ausbreitungsgeschichte und Areal

Senecio inaequidens stammt aus Südafrika und wurde ungewollt mit dem Handel von Schafwolle in Europa eingeschleppt. Sie wurde 1889 erstmals in Deutschland nachgewiesen und breitet sich seit 1975 entlang von Bahnlinien und Straßen von West nach Ost sehr stark aus. Dies wurde möglicherweise auch durch den verstärkten Güteraustausch nach der deutschen Wiedervereinigung 1990 gefördert (Bornkamm und Prasse 1999). Ein weiterer möglicher Faktor für den derzeitigen Ausbreitungserfolg von *Senecio inaequidens* könnten Veränderungen bei der mechanischen Reinigung des Schotters im Bahnkörper und bei dem Einsatz von Herbiziden sein.

Senecio inaequidens wächst vorwiegend auf warmen, trocken bis mäßig trockenen Ruderalstellen mit kiesigen oder sandigen Böden, wie Bahnanlagen und Straßenränder (Rothmaler 2005).

Ausbreitungspotenzial und Invasivität

Senecio inaequidens produziert eine hohe Anzahl von Samen, die durch den Wind ausgebreitet werden. Dies wird vor allem durch Luftverwirbelungen an Autobahnen und Bahnanlagen sowie durch Anhaftungen an Fahrzeugen begünstigt. Des Weiteren werden ihre Samen durch den anthropogenen Transport von Bodenmaterial zur Auffüllung von Straßenbanketten oder anderen Baumaßnahmen ausgebreitet. In den letzten Jahren konnte festgestellt werden, dass sich die Blüh- und Fruchtphase verlängert hat und somit auch zu einer verstärkten Ausbreitung beigetragen hat (Starfinger, Kowarik und Isermann 2006 und Kowarik 2010). Außerdem wird die Art durch milde Winter begünstigt, da sie auch bei -4°C eine positive Nettophotosynthese aufrechterhalten kann (Aschan et al. 2005).

Senecio inaequidens ist in Europa weit verbreitet und gilt als ein problematischer Neophyt. In der Schweiz steht sie auf der „Grauen Liste" der lokal problematischen Arten. Ihre Ausbreitungstendenz in Deutschland ist steigend und wird eventuell durch die Auswirkungen des Klimawandels zusätzlich begünstigt (Rothmaler 2005).

Auswirkungen auf Arten, Biotope und auf den Menschen

Senecio inaequidens kann als Pionierart auf ruderalen Störungsflächen sehr große Populationen aufbauen. Hierbei bilden ihre Resistenz gegen Mahd und Herbizideintrag einen wesentlicher Konkurrenzvorteil gegenüber heimischen Arten. Dennoch wird sie meist im Laufe der Sukzession durch ausdauernde und höherwüchsige Arten abgelöst. Bisher geht von *Senecio inaequidens* keine Gefährdung für die heimischen Biotope und deren Biozönose aus (Kowarik 2010). Dennoch sind die Vorkommen von Massenbeständen zu beobachten, da die Art auch in Getreidefelder einwandern könnte. Ein wesentlicher Grund hierfür ist nicht nur die Konkurrenz zu heimischen Arten oder Anbaukulturen, sondern auch die Gefahr für Nutztiere und die menschliche Gesundheit, da alle Bestandteile *von Senecio inaequidens* giftig beziehungsweise tödlich sein können (Starfinger, Kowarik und Isermann 2006 und Kowarik 2010).

4.1.9 Solidago canadensis L. – Kanadische Goldrute und Solidago gigantea Aiton – Riesen-Goldrute

Artname, Taxonomie und biologische Merkmale

Solidago canadensis (vgl. Abbildung 12a) und *Solidago gigantea* (vgl. Abbildung 12b) gehören zur Familie der *Asteraceae* (Martinov) – den Korbblütengewächsen (Rothmaler 2005). Hierbei ist jedoch zu beachten, dass die taxonomische Einordnung der *Solidago canadensis*- Vorkommen in Europa noch umstritten ist, da sich diese anscheinend in einem genetischen Anpassungsprozess befinden (Kowarik 2010).
Solidago canadensis und *S. gigantea* sind sommergrüne und ausdauernde Pflanzen mit Ausläuferrhizomen und haben breit lanzettlich bis lineal lanzettlich geformte Blätter. Sie werden von Insekten, vor allem von Fliegen und Bienen, bestäubt. Wesentliche Unterscheidungsmerkmale der Arten sind: Der Stängel von *S. canadensis* ist grün und dicht kurzhaarig, der von *S. gigantea* grau bereift und kahl. Des Weiteren sind die gelben Zungenblüten von *S. canadensis* etwa so lang wie die Röhrenblüten, bei *S. gigantea* sind sie jedoch deutlich länger als diese. Außerdem ist der Blütenstand vor der Blütezeit bei *S. canadensis* nickend, bei *S. gigantea* aufrecht. Im Vergleich der Wuchshöhe wird *S. canadensis* 0,5 bis 2 Meter groß, *S. gigantea* erreicht hierbei jedoch nur eine Höhe von 1,5 Meter. Beide Arten blühen von August bis September. Die Blühphase von *S. canadensis* kann aber auch bis weit in den Oktober hineinreichen (Rothmaler 2005).

Abbildung 12: a) *Solidago canadensis*, August 2010

Abbildung 12: b) *Solidago gigantea*, August 2010

Ökologie

Das Vorkommen von *Solidago canadensis* (vgl. Tabelle 10a) und *Solidago gigantea* (vgl. Tabelle 10b) im Gefälle der Umweltfaktoren unter Freilandbedingungen wird anhand von Zeigerwerten (Ellenberg 1991) beschrieben und bezieht sich auf das westliche Mitteleuropa, insbesondere auf Westdeutschland.

Tabelle 10: Übersicht der Zeigerwerte zum ökologischen Verhalten von
a) *Solidago canadensis* b) *Solidago gigantea* (Ellenberg 1991)

a)

Zeigerwert	Ziffer	Erläuterung
Lichtzahl	8	Lichtpflanze, kommt nur ausnahmsweise bei weniger als 40% relative Beleuchtungsstärke vor
Temperaturzahl	6	Mäßigwärme- bis Wärmezeiger
Kontinentalitätszahl	5	intermediär, schwach subozeanisch bis schwach subkontinental
Feuchtezahl	x	indifferentes Verhalten, d.h. weite Amplitude oder ungleiches Verhalten in verschiedenen Gegenden
Reaktionszahl	x	indifferentes Verhalten, d.h. weite Amplitude oder ungleiches Verhalten in verschiedenen Gegenden
Stickstoffzahl	6	mäßig stickstoffreiche bis stickstoffreiche Standorte anzeigend
Salzzahl	0	nicht salzertragend

b)

Zeigerwert	Ziffer	Erläuterung
Lichtzahl	8	Lichtpflanze, kommt nur ausnahmsweise bei weniger als 40% relative Beleuchtungsstärke vor
Temperaturzahl	6	Mäßigwärme- bis Wärmezeiger
Kontinentalitätszahl	5	intermediär, schwach subozeanisch bis schwach subkontinental
Feuchtezahl	6	Frische- bis Feuchtezeiger
Reaktionszahl	x	indifferentes Verhalten, d.h. weite Amplitude oder ungleiches Verhalten in verschiedenen Gegenden
Stickstoffzahl	7	auf stickstoffreichen Standorten häufig
Salzzahl	0	nicht salzertragend

Ausbreitungsgeschichte und Areal

Beide Goldrutenarten stammen aus Nordamerika und wurden als Zierpflanzen in Europa eingeführt. Der erste belegbare Fund von *Solidago canadensis* in Europa stammte aus England im Jahre 1648, ca. 100 Jahre später wurde hier auch *Solidago gigantea* nachgewiesen. Beide Arten wurden als Gartenpflanzen und zur Bienenweide, auch in naturnahe Gebiete, europaweit ausgebracht und haben sich seit dem stark ausgebreitet. Sie wachsen auf einem sehr breiten Standortspektrum, das heißt sie kommen sowohl auf frischen bis feuchten und lichten Flussufern, Auenwäldern und deren Säumen vor als auch auf ruderalen Standorten, wie beispielsweise urbanindustrielle Brachflächen, Bahn- und Straßenböschungen sowie brachgefallene Äcker, Wiesen und Weinberge. Hierbei bevorzugen sie vor allem sommerwarme Gebiete. Ein wesentlicher Unterschied ist, das *S. gigantea* an feuchten Standorten, wie zum Beispiel der Übergangsbereich zwischen Weich- und Hartholzaue, größere Bestände aufbauen kann als *S. canadensis*, da diese keine längeren Überflutungen erträgt. Letztere kann jedoch auf trockenen und lichten Standorten Dominanzbestände ausbilden (Rothmaler 2005 und Kowarik 2010).

Ausbreitungspotenzial und Invasivität

Solidago gigantea und *S. canadensis* sind beliebte Gartenpflanzen und können sich von diesen Standorten zum einen durch anthropogenen Transport, wie zum Beispiel Gartenabfälle und zum anderen durch Wind-, Kleb- und Klettausbreitung, eventuell auch mit dem Wasser in andere Biotope ausbreiten (Rothmaler 2005 und Kowarik 2010). Hierzu zählen vor allem Auen und Brachflächen, aber auch Magerrasen. Wesentliche Erfolgsmerkmale hierbei sind die breite ökologische Amplitude, die Produktion generativer Diasporen in hoher Anzahl und deren effektive Fernausbreitung sowie die Fähigkeit sich aus Rhizomknospen vollständig zu regenerieren. Das Rhizomwachstum wird durch eine gute Wasser- und Stickstoffversorgung gefördert, dennoch ermöglicht ein interner Stickstoffkreislauf auch die Besiedlung von nährstoffarmen Böden. Des Weiteren haben sie durch eine lange Photosyntheseaktivität im Herbst einen Konkurrenzvorteil gegenüber anderen Hochstauden (Kowarik 2010).
Sowohl *Solidago gigantea* als auch *S. canadensis* sind in Deutschland etablierte und sehr häufig vorkommende Neophyten. Für beide Arten wird eine steigende Ausbreitungsten-

denz erwartet (Rothmaler 2005, Starfinger und Kowarik 2003b und Starfinger und Kowarik 2003c). Dies könnte auch durch den Klimawandel begünstigt werden, da *S. canadensis* zum einen eine Wärme liebende, aber auch Trockenheitsstress verträgliche Art ist und zum anderen eine breite standörtliche Anpassungsfähigkeit besitzt.

In der Schweiz stehen beide Arten wegen ihrer verdrängenden Wirkung auf heimische Pflanzen auf der Schwarzen Liste (Starfinger und Kowarik 2003b und Starfinger und Kowarik 2003c).

Auswirkungen auf Arten, Biotope und auf den Menschen

Solidago canadensis und *S. gigantea* gelangen vor allem in Siedlungsbreichen und in deren Umland schnell zur Dominanz, wenn deren traditionelle Nutzungsform aufgegeben wird. Hierzu zählen, wie oben dargestellt, vor allem Ruderal- und Kulturlandschaftsstandorte wie Äcker, Weinberge, Streuwiesen und Magerrasen. Auf diesen Flächen wird durch das Eindringen der Goldruten-Bestände die Sukzession stark beschleunigt, da sie die charakteristischen Magerrasenarten beschatten und verdrängen oder eine Neuansiedlung anderer Arten, die auf Brachflächen Ersatzlebensräume finden könnten, verhindern. Somit sind besonders schutzwürdige Magerrasenarten gefährdet. Dennoch, wenn auch weit seltener, dringen beide Arten auch in bestehende Vegetationen, wie Saumgesellschaften an Wegen, Gewässerrändern und Auen ein. Aufgrund ihres späten Blühzeitpunktes bieten sie jedoch auch eine wichtige Nahrungsquelle für verschiedene Hautflügler (Kowarik 2010). Auswirkungen für die menschliche Gesundheit sind nicht belegt und gelten als unwahrscheinlich, dennoch werden beide Arten als mögliche Auslöser für die Pollenallergie untersucht (Starfinger und Kowarik 2003b und Starfinger und Kowarik 2003c).

4.1.10 *Symphoricarpos albus* **(L.) S.F.Blake – Weiße Schneebeere**

Artname, Taxonomie und biologische Merkmale

Symphoricarpos albus (vgl. Abbildung 13) gehört zur Familie der *Caprifoliaceae* (Adans.) – den Geißblattgewächsen. Dieser sommergrüne Strauch erreicht eine Wuchshöhe bis zu 2 Meter. Die gegenständigen Blätter sind rundlich und ganzrandig. Die kleinen rosa Blüten erscheinen von Juli bis August und werden von Wespen und Bienen bestäubt. Sehr auffällig hingegen sind die weißen kugeligen Beeren (Rothmaler 2005).

Abbildung 13: *Symphoricarpos albus*, Juli 2010

Ökologie

Für *Symphoricarpos albus* sind keine Zeigerwerte nach Ellenberg (1991) bekannt.

Ausbreitungsgeschichte und Areal

Symphoricarpos albus stammt aus Nordamerika und wurde 1817 in Europa als Zierpflanze eingeführt. Sie gehört heute zu den meist gepflanzten Straucharten im Siedlungsbereich. Anpflanzungen erfolgen jedoch auch durch Imker, Jäger oder Förster in siedlungsfernen Bereichen, wo sie als Bienen- oder Deckungspflanze genutzt wird. Ihre Verbreitungsschwerpunkte sind Hecken, Wälder und Gebüsche auf frischen bis feuchten Böden, an Straßenrändern und städtischen Ruderalstellen (Rothmaler 2005 und Kowarik 2010).

Ausbreitungspotenzial und Invasivität

Die Ausbreitung von *Symphoricarpos albus* erfolgt zum einen durch die Verdauungsausbreitung von Vögeln und zum anderen durch unterirdische Ausläufer (Rothmaler 2005). Die Samen sind jedoch nur eingeschränkt keimfähig. Die Ausbreitung geschieht daher überwiegend vegetativ durch Rhizomwachstum und wird durch eine Verletzung der oberirdischen Teile oder andere Störungen gefördert. Somit kann die Art auf jungen Sukzessionsstadien dominieren. Außerdem kann sie aufgrund ihrer Schattenverträglichkeit auch in lichten Wäldern überdauern. Dennoch ist die Ausbreitung von *Symphoricarpos albus* meist nur auf die unmittelbare Nachbarschaft gepflanzter Bestände beschränkt (Starfinger und Kowarik 2003d und Kowarik 2010).

In den meisten europäischen Ländern gilt *Symphoricarpos albus* als ein unauffälliger Neophyt, der keine besondere Bedeutung für den Naturschutz hat. In Großbritannien gilt sie jedoch als potentiell invasiv. In Deutschland werden vor allem größere Bestände in Waldgebieten, hier besonders an Innenrändern, wegen ihres dichten Wuchses und der damit verbundenen Schattenwirkung als potentiell problematisch eingeschätzt (Starfinger und Kowarik 2003d und Kowarik 2010).

Auswirkungen auf Arten, Biotope und auf den Menschen

Von *Symphoricarpos albus* sind bisher keine Auswirkungen auf andere Arten und Biotope nachgewiesen (Starfinger und Kowarik 2003d und Kowarik 2010). Dennoch sollten größere *S. albus*- Bestände in der näheren Umgebung von Wuchsorten gefährdeter Arten beobachtet werden. Grund hierfür ist die effektive vegetative Ausbreitung und die damit einhergehende Schattenwirkung auf kleinwüchsigere und Licht liebende Arten. Auswirkungen auf die menschliche Gesundheit treten beim Verzehr von größeren Mengen der schwach giftigen Beeren auf (Rothmaler 2005 und Starfinger und Kowarik 2003d).

4.2 Wuchsorte und Artmächtigkeiten der im Untersuchungsgebiet vorkommenden Neophyten

Im Folgenden wird nun erläutert welche Neophyten in den charakteristischen Siedlungsstrukturtypen vorkommen und in welcher Artmächtigkeit. Hierbei werden sowohl die invasiven, potentiell invasiven als auch die nicht invasiven Neophyten aufgeführt (vgl. Tabelle 2). Wie in Kapitel 3.2 dargestellt, wurde die Artmächtigkeit nach Braun- Blanquet (vgl. Tabelle 1) ermittelt und bezieht sich auf die in Kapitel 3.1 beschriebenen Aufnahmeflächen. Die Darstellung der Ergebnisse erfolgt anhand von Tabellen (vgl. Tabelle 11 bis 22).

4.2.1 Wohngebiet in Ingelheim West

Im Wohngebiet Ingelheim-West wurden insgesamt elf verschiedene Neophyten- Arten kartiert (vgl. Tabelle 11), von denen vier Arten als potentiell invasiv gelten.

Tabelle 11: Vorkommen und Artmächtigkeiten der Neophyten
a) Spielplatz, b) Brachfläche und c) Ränder von Straßen und Fußwegen im Wohngebiet Ingelheim West, Mai bis September 2010

Artname	Artmächtigkeit		
	a)	b)	c)
Ailanthus altissima	0	0	r
Amaranthus retroflexus	1	2	0
Berteroa incana	+	0	0
Buddleja davidii	(r)	r	0
Conyza canadensis	1	2	+
Cynodon dactylon	0	2	0
Diplotaxis muralis	+	0	0
Diplotaxis tenuifolia	2	2	+
Erigeron annuus	r	0	r
Robinia pseudoacacia	0	r	r
Senecio vernalis	2	+	r
	0 = nicht vorkommend ( ) = wahrscheinlich ehemals angepflanzt		

Ein Vergleich der drei Flächen ergibt, dass an den Rändern der Straßen und Fußwege des Wohngebietes sowohl die wenigsten Arten von Neophyten vorkommen als auch nur diejenigen mit den jeweils geringsten Artmächtigkeiten.

Auf dem Spielplatz erreichten Diplotaxis tenuifolia und Senecio vernalis die höchste Artmächtigkeit, das heißt zahlreiche Individuen mit einer Deckung von 5 bis 25%. Die selbe Artmächtigkeit wurde auf der Brachfläche für *Amaranthus retroflexus, Conyza canadensis, Cynodon dactylon* und *Diplotaxis tenuifolia* festgestellt.

4.2.2 Stadtbrache in Ingelheim West

In der Bestandsaufnahme von Neophyten auf der Brachfläche in Ingelheim West (vgl. Abbildung 14) konnten insgesamt 11 verschiedene Arten (vgl. Tabelle 12) festgestellt werden, wovon drei als potentiell invasive Arten gelten.

Abbildung 14: Brachfläche in Ingelheim West, Juli 2010

Tabelle 12: Vorkommen und Artmächtigkeiten der Neophyten auf der Brachfläche in Ingelheim West, Mai bis September 2010

Artname	Artmächtigkeit
Berteroa incana	1
Conyza canadensis	2
Diplotaxis tenuifolia	2
Erigeron annuus	1
Geranium pyrenaicum	+
Robinia pseudoacacia	+
Senecio inaequidens	+
Senecio vernalis	1
Solidago canadensis	+
Syringa vulgaris	(r)
Vicia villosa	2
	( ) = wahrscheinlich ehemals angepflanzt

Die geringste Artmächtigkeit auf dieser Fläche, das heißt nur ein Individuum, wurde von *Syringa vulgaris* (Gewöhnlicher Flieder) festgestellt. *Conyza canadensis*, *Diplotaxis tenuifolia* und *Vicia villosa* (Zottel- Wicke) haben die höchste Artmächtigkeit erreicht, das heißt es finden sich zahlreiche Individuen mit einer Deckung von 5 bis 25 %.

4.2.3 Städtische Grün- und Parkanlagen

<u>Grünanlage: Randgrün West</u>

Für die gesamte Aufnahmefläche wurden 15 Neophyten- Arten kartiert (vgl. Tabelle 13). Hiervon gelten sieben Arten als potenziell invasiv.

Tabelle 13: Vorkommen und Artmächtigkeiten der Neophyten in der städtischen Grünanlage Randgrün West mit **a)** nördlicher Teilbereich und **b)** südlicher Teilbereich, Mai bis September 2010

Artname	Artmächtigkeit	
	a)	b)
Acer negundo	0	(r)
Ailanthus altissima	0	2
Amaranthus retroflexus	1	0
Atriplex sagittata	r	r
Berteroa incana	0	1
Buddleja davidii	r	0
Bunias orientalis	0	r
Conyza canadensis	0	2
Diplotaxis tenuifolia	2	+
Mahonia aquifolium	+	0
Rhus hirta	+	0
Robinia pseudoacacia	+	0
Senecio vernalis	0	2
Syringa vulgaris	0	+
Vicia villosa	0	+
	0 = nicht vorkommend ( ) = wahrscheinlich angepflanzt	

Im Vergleich dieser beiden Teilflächen wurden im nördlichen Gebiet die geringsten Vorkommen, mit einer Anzahl von sieben Neophyten- Arten festgestellt. Des Weiteren war in diesem Bereich nur *Diplotaxis tenuifolia* zur Ausbildung einer zahlreichen Individuenzahl (Abundanz) mit einer Deckung von 5 bis 25% fähig. Im südlichen Teilbereich wurden 10 Neophyten- Arten verzeichnet. Die höchste Artmächtigkeit erreichten *Ailanthus altissima*, *Conyza canadensis* und *Senecio vernalis*, mit einer jeweiligen Deckung von 5 bis 25%.

Grünanlage: Westlich der Ulmenstraße

Auf ihr wurden sieben Neophyten- Arten (vgl. Tabelle 14) kartiert, von denen zwei als potenziell invasiv gelten.

Tabelle 14: Vorkommen und Artmächtigkeiten der Neophyten in der städtischen Grünanlage Westlich der Ulmenstraße, Mai bis September 2010

Artname	Artmächtigkeit
Conyza canadensis	1
Diplotaxis tenuifolia	1
Erigeron annuus	+
Geranium pyrenaicum	+
Rhus hirta	2
Solidago canadensis	1
Vicia villosa	+

Die potentiell invasive Art *Rhus hirta* erlangte hierbei die höchste Artmächtigkeit, das heißt eine zahlreiche Individuenzahl mit einer Deckung von 5 bis 25%.

Grünanlage: Konrad-Adenauer-Straße

Auf dieser Fläche wurden fünf Neophyten- Arten kartiert (vgl. Tabelle 15), wovon jedoch nur eine Art, *Ailanthus altissima*, als potentiell invasiv gilt. Diese Art erreichte die höchste Individuenzahl bei einer Deckung von 5 bis 25% und breitet sich von hier weiter auf die umliegenden Flächen aus (vgl. Abbildung 15).

Tabelle 15: Vorkommen und Artmächtigkeiten der Neophyten im Bereich der städtischen Grünanlage Konrad-Adenauer-Straße, Mai bis September 2010

Artname	Artmächtigkeit
Ailanthus altissima	2
Berteroa incana	1
Conyza canadensis	1
Erigeron annuus	1
Vicia villosa	+

Abbildung 15: *Ailanthus altissima*, im Bereich der städtischen Grünanlage Konrad- Adenauer- Straße, Juli 2010

4.2.4 Verkehrswege

<u>Straßen, Fahrrad- und Wirtschaftswege</u>

Auf der gesamten Aufnahmefläche wurden 13 Neophyten- Arten kartiert (vgl. Tabelle 16). Hiervon gelten fünf Arten als potenziell invasiv.

Bei einem Vergleich aller Arten, die in dieser Aufnahmefläche aufgenommen wurden, haben *Ailanthus altissima*, *Conyza canadensis*, *Diplotaxis tenuifolia* und *Vicia villosa* die stärkste Artmächtigkeit mit einer Deckung von 5 bis 25%. *Fallopia baldschuanica* wurde wahrscheinlich von den Gartenbesitzern als Sichtschutz angepflanzt. Besonders zu beachten sind die zwei Zusatzflächen auf denen *Ailanthus altissima* eine Deckung von 25 bis 50% beziehungsweise 50 bis 75% erreicht hat. Hierbei muss jedoch darauf hingewiesen werden, dass auf der Zusatzfläche 1 die *Ailanthus altissima*- Vorkommen eine Wuchshöhe von mindestens drei Metern erreicht haben und keinerlei erkennbaren Pflegemaßnahmen unterliegen. Im Gegensatz dazu haben die Vorkommen dieser Art auf der Zusatzfläche 2 eine Wuchshöhe von nur einem Meter. Sie sind daher als Keimlinge des angepflanzten und älteren Baumes anzusehen. Letztere Fläche unterliegt einer mindestens zweimal im Jahr durchgeführten Mahd.

Tabelle 16: Vorkommen und Artmächtigkeiten der Neophyten im Bereich der Straßen, Fahrrad- und Wirtschaftswege im Stadtteil Ingelheim West bis zum Stadtzentrum, Mai bis September 2010

Artname	Artmächtigkeit
Ailanthus altissima	
- Randstreifen	2
- Zusatzfläche 1	4
- Zusatzfläche 2	3
Amaranthus retroflexus	r
Bunias orientalis	+
Cardaria draba	1
Conyza canadensis	2
Diplotaxis tenuifolia	2
Erigeron annuus	r
Fallopia baldschuanica	(r)
Medicago x varia	+
Robinia pseudoacacia	+
Senecio vernalis	1
Solidago canadensis	r
Vicia villosa	2
	( ) = wahrscheinlich angepflanzt

Gleisanlagen

Für diese Aufnahmefläche wurden zehn Neophyten- Arten kartiert (vgl. Tabelle 17), von denen fünf als potentiell invasiv gelten.

Ailanthus altissima und *Senecio inaequidens* erreichten auf dieser Aufnahmefläche von allen kartierten Neophyten- Arten die höchste Artmächtigkeit.

Tabelle 17: Vorkommen und Artmächtigkeiten der Neophyten im Bereich der Gleisanlagen im Stadtteil Ingelheim West bis zur Ingelheimer Stadtmitte, Mai bis September 2010

Artname	Artmächtigkeit
Acer negundo	r
Ailanthus altissima	2
Conyza canadensis	1
Diplotaxis tenuifolia	+
Geranium pyrenaicum	1
Mahonia aquifolium	r
Robinia pseudoacacia	1
Senecio inaequidens	2
Solidago canadensis	+
Vicia villosa	+

4.2.5 Gewerbe- und Industriegebiete

Gewerbegebiet Nahering

Für die gesamte Aufnahmefläche wurden sieben Neophyten- Arten verzeichnet (vgl. Tabelle 18). Von denen nur zwei Arten, *Bunias orientalis* und *Rhus hirta* als potentiell invasiv gelten.

Tabelle 18: Vorkommen und Artmächtigkeiten der Neophyten im Gewerbegebiet Nahering **a)** Verkehrsinseln, **b)** Grünfläche am Fußweg und **c)** Werbefläche, im Siedlungsbereich der Stadt Ingelheim am Rhein, Mai bis September 2010

Artname	Artmächtigkeit		
	a)	b)	c)
Berteroa incana	0	+	r
Bunias orientalis	r	+	0
Conyza canadensis	r	+	2
Diplotaxis tenuifolia	4	1	1
Erigeron annuus	0	1	+
Rhus hirta	0	3	r
Senecio vernalis	r	r	+
0 = nicht vorkommend			

Der Vergleich der drei Flächen ergiebt, dass auf der Teilfläche b alle sieben kartierten Neophyten- Arten vorkommen und auf den Verkehrsinseln nur vier Arten. Die höchste Artmächtigkeit, das heißt eine Deckung 50 bis 75%, erreichte *Diplotaxis tenuifolia* auf den Verkehrsinseln. Die potenziell invasive Art *Rhus hirta* erlangte auf der Teilfläche b die zweithöchste Artmächtigkeit mit einer Deckung von ca. 40%. Zu beachten ist, dass es sich hierbei nicht um Keimlinge, sondern um zwar noch junge aber hoch gewachsene Bäume handelt. Von *Bunias orientalis* konnten insgesamt nur fünf Individuen kartiert werden.

Industriegebiet Schaafau

Auf dieser Fläche wurden sieben Neophyten- Arten kartiert (vgl. Tabelle 19), wovon zwei Arten, *Robinia pseudoacacia* und *Solidago canadensis* als potenziell invasiv gelten.

Tabelle 19: Vorkommen und Artmächtigkeiten der Neophyten im Industriegebiet Schaafau im Stadtteil Nieder- Ingelheim, Mai bis September 2010

Artname	Artmächtigkeit
Conyza canadensis	+
Diplotaxis tenuifolia	+
Erigeron annuus	+
Fallopia baldschuanica	(r)
Robinia pseudoacacia	1
Solidago canadensis	r
Vicia villosa	r
	( ) = wahrscheinlich ehemals angepflanzt

Robinia pseudoacacia erreichte auf dieser Aufnahmefläche die höchste Artmächtigkeit, mit einer Deckung von ca. 3% und einer reichlichen Individuenzahl.

4.2.6 Gewässer

Selz

Für die gesamte Aufnahmefläche wurden sechzehn Neophyten- Arten kartiert (vgl. Tabelle 20), von den acht Arten als potenziell invasiv gelten.

Tabelle 20: Vorkommen und Artmächtigkeit der Neophyten auf den Gewässerrandstreifen **a)** Mündungsbereich, **b)** ortsnaher Bereich, **c)** bebaute Ortslage und **d)** Zusatzfläche, Mai bis September 2010

Artname	Artmächtigkeit			
	a)	b)	c)	d)
Acer negundo	+	0	r	0
Ailanthus altissima	0	+	0	0
Atriplex sagittata	+	0	+	0
Bunias orientalis	0	+	2	+
Cardaria draba	0	1	0	0
Diplotaxis tenuifolia	0	+	r	0
Erigeron annuus	+	+	+	r
Fallopia japonica	0	0	0	3
Geranium pyrenaicum	0	1	1	1
Medicago x varia	0	0	+	0
Rhus hirta	0	0	r	0
Solidago canadensis	+	+	2	1
Solidago gigantea	1	0	0	0
Symphoricarpos albus	1	0	0	0
Syringa vulgaris	0	0	r	0
Vicia villosa	r	0	r	+
0 = nicht vorkommend				

Ein Vergleich aller vier Flächen zeigt, dass der Bereich innerhalb der bebauten Ortslage die höchsten Neophyten- Vorkommen, mit 11 von sechzehn ergibt und die Zusatzfläche mit sechs Arten die geringsten. Zwei Arten, *Erigeron annuus* und *Solidago canadensis* wurden in allen vier Teilbereichen festgestellt. Die höchste Artmächtigkeit erlangte*Fallopia japonica* auf der Zusatzfläche (d) mit einer Deckung von ca. 25 bis 50% (vgl. Abbildung 16). Zu beachten ist, dass diese Art auf den anderen drei Teilflächen nicht vorkam. *Bunias orientalis* und *Solidago canadensis* hatten die zweithöchste Artmächtigkeit, mit einer Deckung von 5 bis 25%. Diese wurde jedoch nur im Bereich der bebauten Ortslage erreicht.

Abbildung 16: *Fallopia japonica* auf der Zusatzfläche (d), im Gewässerumfeld der Selz, Selztalradweg in Ober-Ingelheim, September 2010

Rheinaue: östlich und westlich der Rheinstraße

Innerhalb dieser Aufnahmefläche wurden Vorkommen von vier Neophyten- Arten festgestellt (vgl. Tabelle 21), von denen zwei Arten, *Fallopia japonica* und *Impatiens parviflora* als potenziell invasiv gelten. Für den Teilbereich (a) muss beachtet werden, dass in diesem Bereich auch der kartierte Mündungsbereich der Selz liegt (vgl. Tabelle 20 a) und hier nicht nochmals mit aufgeführt wurde.

Tabelle 21: Vorkommen und Artmächtigkeiten der Neophyten
a) östlich und b) westlich der Rheinstraße im Stadtteil Frei-Weinheim, Mai bis September 2010

Artname	Artmächtigkeit	
	a)	b)
Conyza canadensis	0	+
Erigeron annuus	0	+
Fallopia japonica	+	r
Impatiens parviflora	+	0
	0 = nicht vorkommend	

Die potenziell invasive Art *Fallopia japonica* kam in beiden Teilbereichen vor. Ihre Individuenzahl innerhalb der gesamten Aufnahmefläche ist jedoch für diesen Kartierungszeitraum als spärlich einzuschätzen. Vorkommen von *Impatiens parviflora* waren nur im östlichen Bereich der Rheinaue und hier innerhalb der Hartholzaue mit einer Deckung von weniger als 1% feststellbar.

4.2.7 Städtische Friedhöfe

Auf dem Friedhof in Nieder- Ingelheim konnten keine spontanen Neophyten- Vorkommen festgestellt werden. Insgesamt wurden zehn Neophyten- Arten kartiert (vgl. Tabelle 22), von denen vier Arten als potenziell invasiv gelten.

Tabelle 22: Vorkommen und Artmächtigkeiten der Neophyten
 a) Friedhof Ober-Ingelheim, b) Friedhof Frei- Weinheim und c) Zusatzfläche, Mai bis September 2010

Artname	Artmächtigkeit		
	a)	b)	c)
Amaranthus retroflexus	+	0	0
Bunias orientalis	0	+	0
Conyza canadensis	1	+	r
Diplotaxis tenuifolia	+	1	1
Erigeron annuus	1	0	+
Gernaium pyrenaicum	0	0	1
Mahonia aquifolium	1	0	0
Rhus hirta	0	0	+
Solidago canadensis	+	0	1
Vicia villosa	0	0	+
0 = nicht vorkommend			

Auf dem Friedhof Frei- Weinheim wurden die geringsten Vorkommen von Neophyten, mit drei Arten festgestellt. Auf der Zusatzfläche wurde hingegen die höchste Zahl, mit sieben Arten, verzeichnet. Die maximale Artmächtigkeit lag bei 1, das heißt mehr als sechs Individuen mit einer Deckung von 1 bis 5% und wurde insgesamt von sechs Arten erreicht. Hiervon gilt nur *Solidago canadensis* als eine potenziell invasive Art, die diese Artmächtigkeit jedoch nur auf der Zusatzfläche erreichen konnte.

Abschließend kann für dieses Kapitel die Aussage getroffen werden, dass auf den insgesamt 23 untersuchten Flächen *Diplotaxis tenuifolia*, *Conyza canadensis* und *Erigeron annuus* die breitesten Vorkommen erreichten. *Cynodon dactylon*, *Diplotaxis muralis*, *Impatiens parviflora*, *Solidago gigantea* und *Symphoricarpos albus* kamen jeweils nur auf einer Aufnahmefläche vor. Die höchste Artmächtigkeit, die bei der Kartierung festgestellt wurde, lag bei „4", dies bedeutet zahlreiche Individuen mit einer Deckung von 50 bis 75% und die geringste bei „r", das heißt meist nur ein Exemplar. Hierbei ist jedoch auch immer die jeweilige Größe der Aufnahmefläche zu beachten.

5 Handlungsstrategien

Jegliche Bekämpfungs- oder Pflegemaßnahmen bedeuten im Allgemeinen immer ein anthropogenes Eingreifen in einen Lebensraum. Daher sind erwünschte und unerwünschte Effekte für das Biotop und die Biozönose zu bedenken und gegeneinander abzuwägen. Für eine dauerhafte Regulierung invasiver und potentiell invasiver Neophyten sollte auf eine sinnvolle Kombination von Maßnahmen gesetzt werden und dies auch im Einzelfall unterschiedlich bewertet werden: je nach Grad der Besiedlungsstärke, betroffenem Ökosystem und Entwicklungsziel. Ebenso sollten die Kosten der Bekämpfung in einem angemessenen Verhältnis zum naturschutzfachlichen Wert des Lebensraumes stehen (Kowarik 2010). Dies beinhaltet auch die finanziellen Ressourcen des Siedlungsbereiches, in diesem Fall die der Stadt Ingelheim am Rhein und deren Verteilung für soziale und wirtschaftliche Belange.

Die rechtlichen Rahmenbedingungen der Handlungsstrategien wurden bereits in Kapitel 1.3 erörtert. Doch wie wird nun der Begriff Handlungsstrategie innerhalb dieser Arbeit definiert? Als Handlungsstrategien gelten hier: die Anwendung des Vorsorgeprinzips, Ansätze zur Vorbeugung und Zurückdrängung, Bestrebungen zu Forschung und Monitoring sowie Öffentlichkeitsarbeit und Informationsaustausch.

Dieses Kapitel widmet sich der grundlegenden Fragestellung (vgl. Kapitel 1.3): Welche Handlungsstrategien sind zur Eindämmung der invasiven und der für den Siedlungsbereich der Stadt Ingelheim am Rhein problematischen Neophyten als sinnvoll zu erachten?

5.1 Einteilung der Neophyten in Listenkategorien

Innerhalb der vorliegenden Untersuchung wurden insgesamt 28 Neophyten kartiert, von denen 13 Arten als potenziell invasiv gelten und 11 Arten weisen einen für die Stadt Ingelheim potenziell problematischen Aspekt auf. Damit jedoch eine Aussage zur Notwendigkeit von Handlungsstrategien gemacht werden kann, folgt hier nun eine Differenzierung dieser 11 Arten, basierend auf den erlangten Ergebnissen in Kapitel 4. Als Grundlage hierfür diente die Einteilung in ein dreigliedriges Listensystem: in eine Schwarze, eine Graue und eine Weiße Liste (vgl. Kapitel 1.2) nach der Bewertungsmethodik und den Einstufungskriterien von Essl et al. (2008). Für die hier erstellte Einstufung soll jedoch berücksichtigt werden, dass es sich hierbei ausschließlich um eine vorläufige Einschätzung beziehungsweise Empfehlung handelt, da sich die für Deutschland geltenden Listen der oben genannten Kategorien derzeit noch in Bearbeitung befinden.

Die Empfehlung zur Einstufung in die Listenkategorien ergab drei Arten der Schwarzen Liste, vier Arten der Grauen Liste und vier Arten der weißen Liste (vgl. Tabelle 23).

Tabelle 23: Einteilung der Neophyten in Listenkategorien

Artname	Listenkategorie	Unterkategorie	Begründung
Ailanthus altissima	schwarze	Aktions- und Managementliste	1.a), 1.e), 1.f)
Amaranthus retroflexus	weiße	Monitoring	
Bunias orientalis	graue	Handlungs- / Beobachtungsliste	1.a)
Fallopia japonica	schwarze	Aktionsliste	1.a) und 1.e)
Impatiens parviflora	weiße	Monitoring	
Rhus hirta	graue	Handlungs- / Beobachtungsliste	1.a), 1.f)
Robinia pseudoacacia	schwarze	Managementliste	1.a) und 1.e)
Senecio inaequidens	graue	Beobachtungs- / Handlungsliste	1.f) 3.b), 3.c), 3.d), 3.f.)
Solidago canadensis	graue	Beobachtungsliste	3.a.), b), c.), e)
Solidago gigantea	weiße	Monitoring	
Symphoricarpos albus	weiße	Monitoring	

1.a) Interspezifische Konkurrenz
1.e) Negative ökosystemare Prozesse (hier: Sukzessionsabläufe)
1. f) Negative Auswirkungen auf die menschliche Gesundheit
3.a) Lebensraumbindung
3.b) hohes Reproduktionspotenzial
3.c) hohes Ausbreitungspotenzial
3.d) expansiver Ausbreitungsverlauf
3.e) Lebensform- und weise
3. f) Förderung durch Klimawandel

Somit ergibt sich für *Ailanthus altissima*, *Bunias orientalis*, *Fallopia japonica*, *Rhus hirta* und *Senecio inaequidens* die Handlungsempfehlungen Vorbeugen, Durchführung von Sofortmaßnahmen und Monitoring. Für *Robinia pseudoacacia* sind keine geeigneten Sofortmaßnahmen mehr möglich. Für *Solidago canadensis* ergibt sich die Handlungsempfehlung Vorbeugen und Monitoring. Für die vier Arten der Weißen Liste wird die zusätzliche

Empfehlung gegeben, dass sie auf den jeweiligen Aufnahmeflächen weiterhin beobachtet werden sollten. Nach derzeitigem Wissenstand gefährden diese zwar keine heimischen Arten, aber sie besitzen ein hohes Ausbreitungspotenzial (vgl. Kapitel 4.1), welches zukünftig für das Untersuchungsgebiet problematisch werden könnte. Daher wäre es ratsam die Vorkommen von *Impatiens parviflora*, *Solidago gigantea* und *Symphoricarpos albus* an der Rheinaue, als Präventionsmaßnahme, alle fünf bis zehn Jahre zu kartieren (Monitoring). Die Vorkommen von *Amaranthus retroflexus* beziehen sich hauptsächlich auf den landwirtschaftlichen Bereich und sind somit kein wesentlicher Einflussfaktor für den Naturschutz. Dennoch ist die Bedeutung dieser Art für den Umweltschutz als relevant einzuschätzen und daher sollten auch deren Vorkommen beobachtet werden.

Anhand dieser Differenzierung wird deutlich, dass ein Neophyt, der zwar als invasiv gilt, nicht zwangsläufig eine Maßnahme zur Beseitigung im Bezugsgebiet, hier der Siedlungsbereich der Stadt Ingelheim am Rhein, begründet.

5.2 Empfohlene Handlungsmaßnahmen

Die Einstufung (vgl. Tabelle 23) ergab die Notwendigkeit von vorbeugenden Maßnahmen, Sofortmaßnahmen und Monitoring für zwei Arten der Schwarzen Liste und für drei Arten der Grauen Liste. Diese werden im Folgenden näher beschrieben. Des Weiteren sollte in Betracht gezogen werden, dass die Handlungsstrategie Vorbeugen eine langwierige und kostspielige Maßnahme zur Eindämmung verhindern kann und sollte daher bei allen 11 Arten (vgl. Tabelle 23) durchgeführt werden.

5.2.1 *Ailanthus altissima* (MILL.) SWINGLE - Drüsiger Götterbaum

1.1 Vorbeugen:

- Informierung und Aufklärung der Öffentlichkeit mit dem Ziel: die Anpflanzung von *Ailanthus altissima* in Privatgärten, vor allem im Bereich der Rheinstraße in Frei-Weinheim, im Schulgelände (Bsp. Theodor-Heuss-Schule), Gewerbe- und Industriegebieten, zu vermindern. Außerdem soll die Bevölkerung über die Entsorgung des Pflanzengutes informiert werden und für diese Problematik sensibilisiert werden. Das heißt, diese Pflanzenreste sollten nicht auf den privaten Kompost gelangen, sondern in die Biotonne und dann verbrannt werden.

- Verunreinigtes Bodenmaterial sollte nicht weiter verwendet werden.

1.2 Sofortmaßnahmen:

- Erste Aufkommen, vor allem Keimlinge, im Naturschutzgebiet „Ingelheimer Dünen und Sande" in Frei- Weinheim ausreißen.

- Die älteren *Ailanthus altissima*- Bestände im Bereich der städtischen Grünanlage Konrad-Adenauer-Straße sollten im September/Oktober, das heißt am Ende der Blühphase und vor Beginn der Fruchtreife, gefällt werden und die Baumstümpfe mit Herbiziden eingestrichen werden. Dadurch wird zum einen die Ausbreitung über Samen verhindert und zum anderen die Regeneration über Wurzelsprosse und Stockausschläge stark eingeschränkt. Eine anschließende regelmäßige Mahd dieser Standorte ist empfehlenswert. Diese Maßnahmen sollten jedoch nur durchgeführt werden, wenn die dafür notwendigen finanziellen und personellen Ressourcen über mehrere Jahre gewährleistet werden können, da einmalige Aktionen meist eher zur Beschleunigung der vegetativen Vermehrung führen. Eine Nachpflege durch Beweidung ist hier nicht ratsam, da die sensiblen Sandmagerrasen zu stark gestört würden.

- Im südlichen Teilbereich der städtischen Grünanlage Randgrün West wurde eine hohe Artmächtigkeit von *Ailanthus altissima* im Jungwuchs auf kleiner Fläche festgestellt. Daher wären auch hier die oben erläuterten Maßnahmen, nebst Randbedingungen, ratsam und durch die Nähe zum gesetzlich geschützten Biotop „Düne und Steppenrasen an der Bahnlinie Südwest Ingelheim" gerechtfertigt.

1.3 Management:

Die hohe Artmächtigkeit von *Ailanthus altissima* auf den Aufnahmeflächen der Verkehrswege zeigt die Notwendigkeit von Maßnahmen zur Eindämmung. Die Vorkommen sind hier jedoch schon so großräumig, dass Sofortmaßnahmen nur im Einzelfall sinnvoll sind.

- Die Zusatzfläche 2 (vgl. Kapitel 4.2.4) sollte mindestens zweimal im Jahr gemäht werden um eine Ausbreitung der Keimlinge entlang der an dieser Kreuzung abzweigenden Straßen in das Umland zu verhindern. Eine Alternative hierzu wäre: Der Mutterbaum dieser Fläche wird gefällt und der Baumstumpf mit Herbiziden eingestrichen. Eine Nachpflege wäre auch hier notwendig, dies könnte jedoch durch eine Anpflanzung eines heimischen und stadtverträglichen Baumes vermindert werden. Dieser würde dann, mit entsprechender Pflege im Aufwuchs, in Konkurrenz zu *Ailanthus altissima*- Keimlingen treten und diese auf längere Sicht so stark beschatten, dass diese wiederum als eine Lichtliebende Art nicht mehr zur Dominanz gelangen können.

- Die Vorkommen von *Ailanthus altissima* auf den Aufnahmeflächen entlang der Gleisanlagen, den Randstreifen der Gau-Algesheimer-Straße und auf der Zusatzfläche 1 in Ingelheim West wurden aufgrund ihrer hohen Artmächtigkeit und deren negativen Auswirkungen auf die Biodiversität in die Schwarze Liste eingestuft. Deren Vorkommen sind jedoch schon so großräumig, dass einzelne Maßnahmen nicht als sinnvoll erachtet werden. Daher ist für diese Flächen eine Zusammenarbeit von der Stadtverwaltung Ingelheim am Rhein, den angrenzenden Städten und der Deutschen Bahn empfehlenswert, da Pflanzen keine Eigentumsgrenzen beachten. Das Umweltzentrum der Deutschen Bahn befürwortet eine solche Zusammenarbeit (Umweltzentrum der Deutschen Bahn, Below 2011). In der Annahme, dass diese Kooperation funktioniert, ist für diese Aufnahmeflächen die Anwendung der oben beschriebenen Sofortmaßnahmen ratsam. Die Begründung für den Einsatz dieser Maßnahmen liegt im Ausbreitungspotenzial dieser Art und deren Verbreitung über regionale Verkehrswege in naturnahe Gebiete.

5.2.2 *Bunias orientalis* L. – Orientalische Zackenschote

2.1 Vorbeugen:

- Informierung und Aufklärung der Öffentlichkeit, um die Bevölkerung für diese Problematik zu sensibilisieren.

- Verunreinigtes Material, das heißt Mahdgut und Erde, die Samen und Wurzelfragmente von *Bunias orientalis* enthalten, sollten nicht zur Auffüllung von Straßenbanketten und Uferböschungen verwendet werden.

2.2 Sofortmaßnamen:

- Die höchste Artmächtigkeit von *Bunias orientalis* wurde im Bereich des Kreisverkehrs und den Straßenrändern der Verbindungsstraße (L428) im Stadtteil Ober- Ingelheim verzeichnet. Diese Fläche bildet einen wesentlichen Ausgangspunkt für die Verbreitung dieser Art in die umliegenden naturnahen Bereiche. Daher wird empfohlen, diesen Bereich mehr als zweimal im Jahr zu mähen und das Mahdgut zu entfernen. Die Mähzeiträume sollten vor der Samenbildung liegen, dies bedeutet einmal im April/Mai und einmal im Juli/August. Diese Maßnahme sollte auf längere Sicht gewährleistet werden, da *Bunias orientalis* durch einmalige anthropogene Störungen begünstigt wird. Methoden, wie zum Beispiel Fräsen, sollten hier nicht verwendet werden, da sie das Regenerationspotenzial von *Bunias orientalis* auslösen und verstärken (Starfinger und Kowarik 2005).

- Für alle anderen Aufnahmeflächen gilt, dass *Bunias orientalis* im Laufe der freien Sukzession von konkurrenzstärkeren Arten verdrängt wird. Jegliche Massenvorkommen entstehen erst durch unkoordinierte anthropogene Störungen, da diese Art besser an diese angepasst ist als ihre Konkurrenten (Kowarik 2010). Daher sind in diesem Fall keine Maßnahmen gerechtfertigt.

2.3 Monitoring:

Die Vorkommen und Artmächtigkeiten von *Bunias orientalis* sollten in der Gemarkung Ingelheim, insbesondere im Grünland und an der Selz, in einem Zeitintervall von zwei bis fünf Jahren, beobachtet werden.

5.2.3 *Fallopia japonica* (Houtt.) Ronse Decr. – Japanischer Flügelknöterich

3.1 Vorbeugen:

- Informierung und Aufklärung der Öffentlichkeit, um die Bevölkerung für diese Problematik zu sensibilisieren.

- Verunreinigtes Material, das heißt Mahdgut und Erde, die Samen und Wurzelfragmente von *Fallopia japonica* enthalten, sollten nicht verwendet werden. Die mechanische Reinigung ist sehr aufwändig und bisher sind keine Erfolge bekannt. Im Gegensatz dazu kann die Kompostierung rhizombelasteten Bodens unter Zugabe von Frischkompost zu gleichen Teilen erfolgreich sein (Kowarik 2010).

3.2 Sofortmaßnahmen:

Die höchsten Vorkommen von *Fallopia japonica* wurden an der Rheinaue und auf der Zusatzfläche an der Selz festgestellt. Um diese Bestände zurückzudrängen wird empfohlen, im ersten Jahr achtmal, im zweiten Jahr sechsmal und in den darauf folgenden Jahren mindestens viermal zu mähen. Die jeweilige Mahd sollte erfolgen, wenn die Sprosse eine Höhe von 40cm erreicht haben (Kowarik 2010). Auch hier ist es wichtig zu betonen, dass der Einsatz der oben genannten Maßnahmen nur dann erfolgen sollte, wenn dieser über mehrere Jahre gewährleistet werden kann. Hierbei sollte auch darauf geachtet werden, ob sich im Umfeld dieser Standorte neue Populationen dieser Art ausbilden. Daher wäre es ratsam die Vorkommen von *Fallopia japonica* weiterhin zu beobachten (Monitoring).

5.2.4. *Rhus hirta* (L.) Sudw. – Essigbaum, Kolben-Sumach

Die Vorkommen von *Rhus hirta* sind derzeit kleinräumig und können jedoch in Konkurrenz mit einheimischen Pflanzenarten treten und diese gefährden.

4.1 Vorbeugen:

Informierung und Aufklärung der Öffentlichkeit, um die Anpflanzung und Entsorgung von *Rhus hirta* in Privatgärten, Schulgelände, Gewerbe- und Industriegebieten zu vermindern und die Bevölkerung für diese Problematik zu sensibilisieren.

4.2 Sofortmaßnahmen:

- Die Vorkommen von *Rhus hirta* in der Grünanlage Westlich der Ulmenstraße sind derzeit noch sehr junge Bäume (vgl. Abbildung 15) und somit kann hier eine weitere Ausbreitung verhindert werden. Ein wesentlicher Grund hierfür ist das von der Art ausgehende Gefährdungspotenzial für die menschliche Gesundheit: Diese Aufnahmefläche befindet sich im direkten Umfeld der Theodor-Heuss-Schule und einem Spielplatz. Daher sollte bedacht werden, dass Kinder zum Teil Zweige von Bäumen als Spielzeuge verwenden. Dies konnte auch im Verlauf der Kartierungsarbeiten mehrfach beobachtet werden. Hierbei kommen die Kinder durch das Abbrechen der Äste in direkten Kontakt mit dem Milchsaft von *Rhus hirta*, der Haut- und Augenentzündungen hervorrufen kann. Somit ergibt sich hier ein sofortiger Handlungsbedarf. Des Weiteren werden diese Jungbäume anscheinend einmal im Jahr auf ca. 50cm zurück geschnitten, welches jedoch die Ausbildung von Wurzelsprossen zusätzlich stimuliert. Daher wird für diese Fläche empfohlen, dass die Jungbäume samt Wurzelsystem ausgegraben werden und über mehrere Jahre gemäht wird. Der Mutterbaum befindet sich in einer Entfernung von ca. 5 Metern und wird durch diverse Gebüsche von der Fläche der Jungbäume getrennt. Somit wird deutlich, dass das Ausbreitungspotenzial dieser Art über Wurzelsprosse sehr stark ist und dass die oben genannte Maßnahme erst erfolgreich sein wird, wenn auch der Mutterbaum gefällt wird.

- Die Vorkommen von *Rhus hirta* befinden sich im Bereich des Gewerbegebiets Nahering. Hierbei handelt es sich um einen älteren und großflächigen Bereich, der jedoch derzeitig kein Gefährdungspotenzial darstellt. Daher ist für diese Fläche keine sofortige Maßnahme empfehlenswert. Sie sollte jedoch alle zwei bis fünf Jahre beobachtet werden (Monitoring).

5.2.5 Robinia pseudoacacia L. – Gewöhnliche Robinie

Robinia pseudoacacia ist im Siedlungsbereich und in der Gemarkung der Stadt Ingelheim am Rhein eine invasive gebietsfremde Art, deren Vorkommen jedoch schon so großräumig sind, dass Maßnahmen nur in Einzelfällen sinnvoll sind. Innerhalb der in dieser Arbeit untersuchten Aufnahmeflächen wurden keine Bereiche festgestellt, in denen eine Sofortmaßnahme als sinnvoll zu erachten ist. Es wurde jedoch beobachtet, dass sich in der Gemarkung der Stadt Ingelheim am Rhein breite Vorkommen mit einer hohen Artmächtigkeit von *Robinia pseudoacacia* befinden. Aufgrund ihrer negativen Auswirkungen auf die seltene Vegetation der Sandtrockenrasen wird empfohlen die Ausbreitung der Robinien-Bestände, insbesondere die an der Konrad- Adenauer-Straße in Frei-Weinheim, zu beobachten. Des Weiteren ist zu empfehlen, dass diese Art nicht länger im Siedlungsbereich angepflanzt wird. Ein wesentlicher Grund für diese Einschätzung ist, dass sie wesentliche bodenökologische Veränderungen bewirkt und somit heimische und seltene Arten des westlichen Naturschutzgebietes „Ingelheimer Dünen und Sande" gefährdet. Diese Auswirkungen rechtfertigen demzufolge den Einsatz von Maßnahmen zur Eindämmung. Aufgrund der hohen Vorkommen von *Robinia pseudoacacia* ist aber erst eine fundierte Bestandsaufnahme für dieses Naturschutzgebiet empfehlenswert und nur anhand dessen können Maßnahmen gerechtfertigt werden oder Gründe angeführt werden, weshalb man von jeglichen Maßnahmen absehen sollte.

5.2.6 *Senecio inaequidens* DC. – Schmalblättriges Greiskraut

Negative Auswirkungen von *Senecio inaequidens* auf die Biodiversität sind noch nicht belegbar. Dennoch hat diese Art innerhalb der letzten Jahre eine große Ausbreitungstendenz gezeigt und wird diesen Trend durch ihre starken Verbreitungsmechanismen, die durch anthropogene Einflüsse und den Klimawandel eventuell noch zusätzlich begünstigt werden, fortsetzten.

6.1 Vorbeugen:

- Informierung und Aufklärung der Öffentlichkeit, um die Bevölkerung für diese Problematik zu sensibilisieren.

- Es wird Empfohlen, dass die ersten Vorkommen von *Senecio inaequidens* im landwirtschaftlichen Bereich der Gemarkung Ingelheim am Rhein direkt entfernt werden. Ein wesentlicher Grund hierfür ist, das diese Art Alkaloide produziert, welche sowohl für den Menschen als auch für das Vieh giftig sein können (Starfinger, Kowarik und Isermann 2006).

6.2 Sofortmaßnahmen:

Ein Vorkommen von *Senecio inaequidens* wurde nur im Bereich der Verkehrswege, insbesondere an den Gleisanlagen, festgestellt. Für diesen Bereich wird empfohlen, dass die Einzelpflanzen samt Wurzel zweimal im Jahr, vor der Samenausbildung, das heißt einmal im Juli/August und einmal im Oktober gezielt beseitigt werden. Dies benötigt jedoch auch eine Zusammenarbeit zwischen der Deutschen Bahn und der Stadt Ingelheim am Rhein, da diese Aufnahmefläche beide Zuständigkeitsbereiche betrifft und sich diese Art auch auf den umliegenden landwirtschaftlichen Flächen ausbreiten könnte. Zusätzlich wird für diese Flächen empfohlen, in einem Zeitabschnitt von zwei bis fünf Jahren ein Monitoring durchzuführen.

6 Diskussion

In Deutschland sind ca. 5% der heimischen Pflanzenarten durch gebietsfremde Arten direkt oder indirekt bedroht (Bundesamt für Naturschutz (Hrsg.), op). Somit ist zwar eine Gefährdung von heimischen Arten durch Neobiota belegbar, der Rückgang heimischer Arten wird jedoch weitaus stärker durch anthropogene Beeinträchtigungen natürlicher Prozesse und Lebensräume bewirkt (Kowarik 2010). Im städtischen Bereich ist dies beispielsweise der erhöhte Versiegelungsgrad für Wohn- und Verkehrsflächen und den damit einhergehenden nachhaltigen chemischen und physikalischen Veränderungen der Luft-, Wasser- und Bodenverhältnisse. Dadurch werden die Lebensräume der heimischen Arten sehr stark beeinflusst beziehungsweise zerstört.

In der vorliegenden Untersuchung wurde am Beispiel des Siedlungsbereiches der Stadt Ingelheim am Rhein gezeigt, welche Neophyten vorkommen, welche Ausbreitungspotenziale und Auswirkungen sie haben und welche Handlungsstrategien möglich sind um deren Ausbreitung zu verhindern. Dies soll nun im Folgenden anhand der Zielsetzungen dieser Arbeit (siehe Kapitel 1.), der Ergebnisse der Bestandsaufnahme (siehe Kapitel 4.) und der daraus resultierenden Handlungsstrategien (siehe Kapitel 5.) diskutiert werden.

6.1 Welche Neophyten kommen in den charakteristischen Siedlungsstrukturtypen vor?

In den ausgewählten Aufnahmeflächen des Siedlungsbereiches der Stadt Ingelheim am Rhein (vgl. Kapitel 3.2) wurden insgesamt 28 Pflanzenarten mit dem Status Neophyt festgestellt (vgl. Tabelle 2).
Die Wahl der unterschiedlichen Aufnahmeflächen (vgl. Kapitel 3.1.) wird alsrepräsentativ eingeschätzt, da sie die charakteristischen Lebensräume der Neophyten umfassen und somit einen breiten Überblick zum Vorkommen dieser Arten in einem Siedlungsbereich ermöglichen sowie deren Ausbreitungswege mit einschließen. Des Weiteren decken sie die in Städten typischerweise vorkommenden unterschiedlichen Stadtstrukturen ab. Die einzigen Stadtstrukturtypen die nicht untersucht werden konnten waren das Stadtzentrum von Ingelheim am Rhein, da hier im Untersuchungszeitraum mit größeren Baumaßnahmen begonnen wurde und die Randflächen und Mittelstreifen der Autobahn A60, da sie nicht öffentlich zugänglich sind.

Alle Siedlungsstrukturtypen

Anhand der Ergebnisse aus Kapitel 4.2 wurde deutlich, dass nur drei Arten, *Diplotaxis tenuifolia*, *Conyza canadensis* und *Erigeron annuus*, die derzeit als nicht invasiv gelten, die breitesten Vorkommen innerhalb der Aufnahmeflächen des Siedlungsbereiches der Stadt Ingelheim am Rhein aufweisen. Ein wesentlicher Grund hierfür ist deren breite ökologische Amplitude, das heißt sie können sich an trockenen bis frischen Ruderalstellen ansiedeln und auch anthropogenen Störungen widerstehen (Rothmaler 2005).

Wohngebiet mit trockenen und sandigen Standorten

Für den Siedlungsstrukturtyp Wohngebiet kann festgestellt werden, dass vor allem Wärme liebende und trockene Böden ertragende Arten dominieren, was wiederum durch den hohen Versiegelungsgrad und den damit einhergehenden Standorteigenschaften begründet werden kann. Typische Neophyten-Arten sind *Conyza canadensis*, *Diplotaxis tenuifolia* und *Senecio vernalis*. Dies kann durch die Aussagen von Wittig (2002) und Rothmaler (2005) bestätigt werden. Besonders hervorzuheben sind die Vorkommen von *Cynodon dactylon* auf der Brachfläche und die von *Diplotaxis muralis* auf dem Spielplatz im Wohngebiet, da bei der Kartierung aller Aufnahmeflächen im gesamten Untersuchungsgebiet des Siedlungsbereiches der Stadt Ingelheim am Rhein nur auf dieser Fläche eine nennenswerte Artmächtigkeit festgestellt wurde. Diese Vorkommen lassen sich anhand der dort vorherrschenden trockenen und sandigen Standorte, die ehemals landwirtschaftlich genutzt wurden, erklären. Dies wird durch den Verbreitungsschwerpunkt dieser Art, der auf trockenen, lehmig bis sandigen Ruderalstellen, lückigen Parkrasen und in Weinbergen liegt (Rothmaler 2005), bestätigt. Die Vorkommen von *Ailanthus altissima* lassen sich durch sein effektives Ausbreitungspotenzial, welches von älteren Anpflanzungen in den angrenzenden Privatgärten zusätzlich begünstigt wird und die ökologische Anpassungsfähigkeit, begründen. Das spontane Vorkommen von *Robinia pseudoacacia* auf der Brachfläche und an den Rändern der Straßen und Fußwege ist mit sehr großer Wahrscheinlichkeit auf die Verwendung der Art als Straßenbaum, in diesem Bereich zurückzuführen. Die *Amaranthus retroflexus*- Vorkommen können anhand der Nähe zu Weinbergen und Weinbergbrachen, welche die Hauptverbreitungsschwerpunkte dieser Art sind, begründet werden. Das spontane Vorkommen von *Buddleja davidii* auf der Brachfläche ist durch die Nähe dieser Aufnahmefläche zu den Gärten, in denen sie oft als Zierpflanze angepflanzt wird, zu begründen.

Stadtbrache mit trockenen und sandigen Standorten

Das spontane Vorkommen von *Robinia pseudoacacia* auf der Brachfläche in Ingelheim West ist auf die Bildung von Wurzelsprossen der umliegenden älteren Robinien-Bestände zurückzuführen. Weitere typische Arten sind *Conyza canadensis, Diplotaxis tenuifolia* und *Vicia villosa*. Dies wird durch die in der Literatur beschriebenen Standortangaben (Rothmaler 2005) bestätigt.

Städtische Grün- und Parkanlagen

In diesem Siedlungsstrukturtyp sind *Ailanthus altissima* und *Rhus hirta* sehr typisch. Grund hierfür sind ehemalige Anpflanzungen dieser Arten aufgrund ihrer ökologischen Anpassungsfähigkeiten an das Stadtklima. Dieses Ergebnis wird durch Angaben in der Literatur für die Stadt Berlin bestätigt (Kowarik 2010).

Verkehrswege

An den Straßen, Fahrrad- und Wirtschaftswegen dominieren vor allem *Ailanthus altissima, Conyza canadensis, Diplotaxis tenuifolia* und *Vicia villosa*.
Senecio inaequidens kam nur im Bereich der Gleisanlagen vor. Grund hierfür ist, dass diese Art vorwiegend auf warmen und trockenen Ruderalstellen mit kiesigen oder sandigen Böden wächst (Rothmaler 2005). Des Weiteren besitzt sie eventuell eine Resistenz gegenüber den Herbiziden die von der Deutschen Bahn zur Pflege des Gleisbereiches eingesetzt werden. Damit besitzt sie einen enormen Konkurrenzvorteil gegenüber den anderen Arten und kann sich durch ihre hohe Samenproduktion in diesen Bereichen immer weiter durch die Windschleppen oder Anhaftungen der Samen an vorbeifahrenden Fahrzeugen ausbreiten (Kowarik 2010). Des Weiteren sind im Bereich der Gleisanlagen *Ailanthus*

altissima-Vorkommen typisch. Letzteres Ergebnis wird durch Angaben in der Literatur für die Stadt Berlin (Kowarik 2010) und durch eine Auskunft der Deutschen Bahn (Below 2011) bestätigt.

Gewerbe- und Industriegebiete

In dem Gewerbe- und Industriegebiet sind *Conyza canadensis* und *Diplotaxis tenuifolia* typisch. Ein wesentlicher Grund für die geringe Anzahl vorkommender Neophyten ist die starke Nutzung der Aufnahmeflächen durch Kraftfahrzeugverkehr. Spontane Vorkommen von *Ailanthus altissima*, der als ein typischer Neophyt dieses Siedlungsstrukturtyps gilt (Kowarik 2010), konnten in diesem Bereich nicht verzeichnet werden.

Auenbereiche

Impatiens parviflora, Solidago gigantea und *Symphoricarpos albus* kamen nur im Auenbereich des Rheins beziehungsweise im Mündungsbereich der Selz vor. Diese Arten sind somit an frische bis feuchte Standorte gebunden. Dieses Ergebnis wird durch die Angaben von Rothmaler (2005) bestätigt. Die Licht liebende Art *Solidago canadensis* konnte sich, von Initialpflanzungen in den angrenzenden Kleingärten ausgehend, nur außerhalb der Gehölzstreifen der Selz spontan ansiedeln und ausbreiten. Selbes gilt auch für *Bunias orientalis*.

6.2 In welcher Artmächtigkeit kommen sie dort vor?

Die geringste Artmächtigkeit, die bei der Kartierung festgestellt wurde, war „r", das heißt eine seltene Individuenzahl, meist nur ein Exemplar. Die höchste Artmächtigkeit lag bei „4", dies bedeutet zahlreiche Individuen mit einer Deckung von 50 bis 75% auf den Aufnahmeflächen. Wie können diese Werte nun für die jeweiligen Siedlungsstrukturtypen beziehungsweise städtischen Ökosysteme interpretiert werden?

Wohngebiet

Die geringen Artmächtigkeiten, das heißt nur seltene oder spärliche Individuenzahl bei einer Deckung von weniger als 1%, der Neophyten an den Rändern von Straßen und Fußwegen, innerhalb des Wohngebietes in Ingelheim West, sind durch den hohen Versiegelungsgrad und deren starke Nutzung oder auch durch private Pflegemaßnahmen begründet. Die hohe Artmächtigkeit, das heißt es finden sich zahlreiche Individuen mit einer Deckung von 5 bis 25 %, von *Conyza canadensis, Diplotaxis tenuifolia* und *Senecio vernalis* ist durch ihre Fähigkeit sich auf trockenen Ruderalstellen und Ackerbrachen ansiedeln zu können begründbar. Weitere Aspekte für deren hohe Artmächtigkeit sind ihre krautige Wuchsform, hier insbesondere sommerannuell oder einjährig-überwinternd und die damit einhergehende geringe Wuchsdichte. Somit werden diese Neophyten- Arten im Vergleich zu den Keimlingen von Gehölzen, insbesondere *Ailanthus altissima* oder *Robinia pseudoacacia*, wahrscheinlich nur selten von den Anwohnern dieses Wohngebietes gezielt beseitigt.

Stadtbrache

Die hohe Artmächtigkeit, das heißt es finden sich zahlreiche Individuen mit einer Deckung von 5 bis 25 %, von *Conyza canadensis, Diplotaxis tenuifolia* und *Vicia villosa* ist durch ihre Fähigkeit sich auf trockenen Ruderalstellen und Ackerbrachen ansiedeln zu können begründbar.
Die großen Vorkommen von Archäophyten, wie beispielsweise *Anchusa officinalis* (Gebräuchliche Ochsenzunge), haben vermutlich die Artmächtigkeiten der hier vorkommenden Neophyten eingeschränkt, so dass keine Art über eine Deckung von maximal 25% hinaus kam.

Städtische Grün- und Parkanlagen

Für die Grünanlage Randgrün West kann festgestellt werden, dass die geringen Neophyten- Artmächtigkeiten, das heißt nur seltene oder spärliche Individuenzahl bei einer Deckung von weniger als 1%, im nördlichen Teilbereich auf die zweimal im Jahr durchgeführten Mulcharbeiten zurück zuführen sind. *Diplotaxis tenuifolia* erreichte hier die höchste Artmächtigkeit, mit einer hohen Abundanz und einer Deckung von 5 bis 25 %, da sie sich nach Störungen schnell regenerieren kann. Die gleiche Artmächtigkeit würde für *Ailanthus altissima* im südlichen Teilbereich dieser Grünanlage und im Bereich der Grünanlage Konrad-Adenauer-Straße festgestellt. Diese Artmächtigkeiten resultieren aus den effektiven Ausbreitungsmechanismen, vegetative Vermehrung über Wurzelsprosse, dieser Art, welche wiederum durch ehemalige Anpflanzungen initialisiert wurden.

In der Grünanlage Westlich der Ulmenstraße erreichte *Rhus hirta* die höchste Artmächtigkeit, das heißt zahlreiche Individuen mit einer Deckung von 5 bis 25%. Grund hierfür ist die effektive Ausbreitung über die Wurzelsprosse eines in der Aufnahmefläche angepflanzten Baumes.

Verkehrswege

An den Rändern von Straßen, Fahrrad- und Wirtschaftswegen erreichten *Ailanthus altissima*, *Conyza canadensis*, *Diplotaxis tenuifolia* und *Vicia villosa* die höchsten Artmächtigkeiten, das heißt eine zahlreiche Abundanz mit einer Deckung von 5 bis 25%. Dies kann durch deren Fähigkeit begründet werden, an trockenen Ruderalstellen, welche anthropogenen Störungen unterliegen, bestehen zu können. Die hohe Artmächtigkeit, mit einer Deckung von 50 bis 75%, von *Ailanthus altissima* auf den beiden Zusatzflächen sind anhand der vegetativen Vermehrung über Wurzelsprosse der hier ehemals angepflanzten Bestände zu begründen.

Gewerbe- und Industriegebiete

Im Gewerbegebiet Nahering erreichten *Conyza canadensis*, *Diplotaxis tenuifolia* und *Rhus hirta* die höchsten Artmächtigkeiten, das heißt zahlreiche Individuen mit einer jeweiligen Deckung von 5 bis 25%, 50 bis 75% und 25 bis 50%. Grund hierfür ist, das *Conyza canadensis* und *Diplotaxis tenuifolia* durch ihr Regenerationsvermögen auch an Standorten mit häufigen anthropogenen Störungen, wie beispielsweise Mahd, Trittbelastung oder Luftverunreinigungen durch Kraftfahrzeugverkehr, fortbestehen können. Die Artmächtigkeit von *Rhus hirta* entstand mit großer Wahrscheinlichkeit durch vegetative Vermehrung ehemaliger Anpflanzungen. Eine weitere Möglichkeit wäre jedoch auch, dass sie sich hier durch anthropogen eingebrachtes oder abgelagertes Bodenmaterial, welches Samen oder Wurzelsprosse enthielt, ansiedeln und ausbreiten konnten.

Auf der Aufnahmefläche im Industriegebiet Schaafau erreichte *Robinia pseudoacacia* die höchste Artmächtigkeit. Dies kann durch die generative und vegetative Vermehrung der angrenzenden älteren Bestände dieser Art erklärt werden. Ein wesentlicher Grund für die geringe Anzahl der vorkommenden Neophyten ist die starke Nutzung der Aufnahmefläche durch Kraftfahrzeugverkehr.

Auenbereiche

Im Mündungsbereich der Selz und der Rheinaue wurden die geringsten Artmächtigkeiten, das heißt eine spärliche Individuenzahl mit einer Deckung von 1 bis 5%, von *Acer negundo, Impatiens parviflora, Solidago canadensis* und *S. gigantea, Symphoricarpos albus* und *Fallopia japonica* verzeichnet. Dies kann anhand der starken Nutzung für Erholung und Freizeitaktivitäten sowie den durchgeführten Pflegemaßnahmen begründet werden. Des Weiteren befinden sich innerhalb der Aufnahmeflächen zahlreiche Auengehölze die eine Ausbildung hoher Artmächtigkeiten erschweren oder gar verhindern. Dies betrifft vor allem *Fallopia japonica*, da diese Licht liebende Art nur auf Gehölzfreien oder aufgelichteten Ufer- und Auenbereichen zur Dominanz gelangen kann (Kowarik 2010). Die geringen Artmächtigkeiten der oben genannten Arten verdeutlichen somit, dass intakte Auenwälder die Ansiedlung und Ausbreitung von Neophyten sehr stark einschränken.

Die geringen Artmächtigkeiten, das heißt eine spärliche Individuenzahl mit einer Deckung von 1 bis 5%, der vorkommenden Neophyten im ortsnahen Bereich und in der bebauten Ortslage der Selz können durch die Bepflanzung der Gewässerufer und -randstreifen mit hochwüchsigen Gehölzen begründet werden, da diese eine Ansiedlung derer verhindern. Ein weiterer Grund ist, dass die Randstreifen des direkt angrenzenden Selztalweges bis zu 3x pro Jahr gemulcht werden. Die einzigen Ausnahmen waren im Bereich der bebauten Ortslage *Bunias orientalis* und *Solidago canadensis,* die hier eine zahlreiche Abundanz mit einer Deckung von 5 bis 25% erlangten. Dies kann durch mehrere Faktoren begründet werden: *Bunias orientalis* ist eine Licht liebende Art und bevorzugt mäßig trockene Ruderalstellen, daher sind ihre Artmächtigkeiten in den mit Gehölzen bepflanzten Bereichen sehr viel geringer als auf den Gehölzfreien Randflächen des Kreisverkehrs. Des Weiteren fördern Bodenstörungen wie beispielsweise Mahd sowohl die vegetative Regeneration als auch die Keimungsaktivität und kann somit auch nochmals im Juli/August zur Blüte gelangen (vgl. Kapitel 4.1). Im Gegensatz dazu ist *Solidago canadensis* in dieser Aufnahmefläche nur zu dieser hohen Artmächtigkeit gelangt, da sie als eine Zierpflanze in den angrenzenden Gärten angepflanzt wurde. Die hohe Artmächtigkeit, das heißt eine Deckung von

25 bis 50%, von *Fallopia japonica* auf der Zusatzfläche der Selz kann nur anhand von ehemaligen Erdarbeiten, wie beispielsweise Baumaßnahmen zum Lärmschutzwall erklärt werden. Hier könnten standortfremde Bodenfragmente die Pflanzenmaterial dieser Art enthielten unbeabsichtigt eingebracht worden sein.

Städtische Friedhöfe

Die Artmächtigkeiten, das heißt eine spärliche Individuenzahl mit einer Deckung von weniger als 1%, der vorkommenden Neophyten sind anhand der vier- bis fünfwöchig durchgeführten Mulcharbeiten zu begründen. .

6.3 Welche Neophyten gelten als potenziell invasiv beziehungsweise invasiv? Welche sind für das Untersuchungsgebiet als problematisch einzuschätzen?

Nach der Einstufung des Bundesamtes für Naturschutz gelten derzeit 13 der kartierten Neophyten als potenziell invasive beziehungsweise invasive Arten (vgl. Tabelle 2) (Bundesamt für Naturschutz (Hrsg.), op.).

Die Begriffsdefinition „invasive" Neophyten anhand des Bundesnaturschutzgesetztes (2009, §7 Abs. 2 Nr.9) wird in der Literatur noch stark diskutiert (Kowarik 2010). Ein wesentlicher Punkt hierbei ist die Klassifizierung des Gefährdungspotenzials, das heißt, handelt es sich um negative Auswirkungen im ökologischen, im ökonomischen oder im gesundheitlichen Bereich? Für die Einstufung in Listenkategorien wird zum Beispiel nur die Gefährdung heimischer, dies bedeutet hier einheimische und alteingebürgerte, Arten als Kriterium festgelegt und die ökonomischen Schäden sowie Probleme für die menschliche Gesundheit bleiben unberücksichtigt (Essl et al. 2008). Demnach ist es empfehlenswert, innerhalb der Problematik „invasive Neophyten" auch das von ihnen ausgehende Gefährdungspotenzial näher zu definieren. Des Weiteren ist zu beachten, dass auch regionale Unterschiede und Nutzungsformen eine wesentliche Rolle bei der Frage ob eine Art problematisch ist spielen. Dies bedeutet zum einen: welches Gebiet wird untersucht, gilt die Art hier als Neo- oder Archäophyt, in welcher Artmächtigkeit kommt die Art hier vor und besitzt das Gebiet ökologische Eigenschaften die das Ausbreitungspotenzial verstärken können. Zum anderen sollte deutlich gemacht werden ob es sich um einen naturfernen oder naturnahen Bereich handelt und ob Schutzgebiete betroffen sind. Somit kann der Aussage von Kowarik (2010) zugestimmt werden, dass eine invasive Art nicht zwangsläufig in jedem Gebiet einen invasiven und problematischen Charakter haben muss. Im Siedlungsbereich der Stadt Ingelheim am Rhein betrifft dies *Acer negundo, Amaranthus retroflexus, Buddleja davidii, Impatiens parviflora, Solidago gigantea* und *Symphoricarpos albus*. Für das Untersuchungsgebiet als problematisch einzuschätzen sind *Ailanthus altissima, Bunias orientalis, Fallopia japonica, Rhus hirta, Robinia pseudoacacia, Senecio inaequidens, Solidago canadensis*.

6.4 Welche Ausbreitungspotenziale werden für die problematischen Arten erwartet?

In Kapitel 4.1 wurden die wichtigsten Literaturangaben zum Ausbreitungspotenzial von 11 der im Siedlungsbereich der Stadt Ingelheim am Rhein vorkommenden Neophyten beschrieben. Für 16 der insgesamt 28 kartierten Neophyten- Arten wird eine steigende Ausbreitungstendenz erwartet (Rothmaler 2005): *Acer negundo, Ailanthus altissima, Amaranthus retroflexus, Atriplex sagittata, Bunias orientalis, Cardaria draba, Diplotaxis tenuifolia, Erigeron annuus, Fallopia baldschuanica* und *F. japonica, Geranium pyrenaicum, Impatiens parviflora, Senecio inaequidens* und *S. vernalis, Solidago canadensis* und *S. gigantea*. Von denen gelten 9 Arten als potenziell invasiv und 4 Arten werden für das Untersuchungsgebiet als problematisch eingeschätzt. Die Ausbreitungstendenz kann hier weder bestätigt noch widerlegt werden, da diese Arbeit einen Status Quo für dieses Untersuchungsgebiet darstellt und anhand dessen erst nach einer zukünftigen Wiederholungsaufnahme (Monitoring) eine Aussage diesbezüglich getroffen werden kann.

6.5 Welche Handlungsstrategien sind zur Eindämmung der für den Siedlungsbereich der Stadt Ingelheim am Rhein problematischen Neophyten als sinnvoll zu erachten?

In Kapitel 5. wurden 11 der 28 Neophyten- Arten anhand der Einstufungskriterien nach Essl et al. (2008) in Listenkategorien eingeteilt. Daraus ergab sich für den Siedlungsbereich der Stadt Ingelheim am Rhein die Handlungsstrategien vorbeugende Maßnahmen, Durchführung von Sofortmaßnahmen und Maßnahmen zum Management sowie Monitoring für *Ailanthus altissima, Rhus hirta, Senecio inaequidens, Bunias orientalis* und *Fallopia japonica*. Somit wird deutlich, dass nur ca. 21% der insgesamt kartierten Neophyten und ca. 39% der als invasiv geltenden Arten im Siedlungsbereich der Stadt Ingelheim am Rhein als problematisch anzusehen sind. Dies zeigt, dass nicht für alle potenziell invasiven Arten eine Maßnahme zur Eindämmung empfehlenswert ist, sondern sich nur anhand der jeweiligen Artmächtigkeiten, dem Ausbreitungspotenzial und den negativen Auswirkungen für die Biodiversität im Untersuchungsgebiet begründen lässt. Hierfür war die von Essl et al. (2008) beschriebene Methodik zur Einstufung in Listenkategorien sehr hilfreich. Die Einstufungskriterien mussten jedoch erweitert werden, da sie die negativen Auswirkungen der Arten auf die menschliche Gesundheit nicht mit berücksichtigen. Dieses Kriterium spielt jedoch besonders in städtischen Bereichen eine bedeutende Rolle, da sie Ballungszentren für das Wohnen und Arbeiten von Menschen darstellen. Außerdem konnte festgestellt werden, dass vorbeugende Handlungsstrategien in diesem Untersuchungsgebiet notwendig sind, da die Artmächtigkeiten der problematischen Neophyten- Arten hier noch als gering eingeschätzt werden und somit deren weitere Ausbreitung sowie eine Ansiedlung von bisher nicht vorkommenden invasiven Arten verhindert werden kann. Bei der Informierung der Öffentlichkeit, hierzu zählen auch die Gärtnereien, und beim Monitoring sollte bedacht werden, dass sich bei jeder heute als invasiv geltenden Art das Ausbreitungs- und Gefahrenpotenzial erst viele Jahre nach der ersten Anpflanzung gezeigt hat. Dies soll nochmals die Notwendigkeit von vorbeugenden Maßnahmen unterstreichen.

Des Weiteren wäre es empfehlenswert, wenn sich die Gemeinden und betroffenen Unternehmen, beispielsweise die Deutsche Bahn, untereinander zu dieser Problematik und den damit verbundenen Erfahrungen austauschen um eine gemeinsame Strategie entwickeln zu können, denn das Pflanzenwachstum hält sich nicht an die Grenzen des Zuständigkeitsbereiches.

6.6 Schlussfolgerungen

Abschließend kann für die hier vorliegende Arbeit die Aussage getroffen werden, dass sich Neophyten in naturfernen Bereichen, wie beispielsweise in Siedlungsgebieten, an Standorten mit extremer Trockenheit, Wärme, Lichteinstrahlung, Eintrag von Schadstoffen und Orten die zahlreichen Störungen unterliegen ansiedeln können. Besonders betroffene Strukturtypen sind Gewerbe- und Industriegebiete, Wohngebiete und Verkehrswege. Letzterer Strukturtyp gilt jedoch nur für die nicht problematischen Neophyten-Arten. An diesen Standorten können heimische Arten oftmals nicht überleben. Somit erfüllen diese Neophyten hier wichtige ökologische Funktionen und sollten daher auch akzeptiert und toleriert werden. Dennoch wurde auch aufgezeigt, dass Anpflanzungen von Neophyten mit einem hohen Ausbreitungspotenzial im Siedlungsbereich eine nicht zu unterschätzende Gefahrenquelle für die heimische Vegetation der umliegenden naturnahen Bereiche darstellt. Im Bereich der Stadt Ingelheim am Rhein wird dieser Aspekt durch die Besonderheit und Schutzwürdigkeit der hier vorkommenden Sandböden und dem warmtrockenen Klima mit milden Wintern zusätzlich verstärkt. Empfehlungen für einzelne Handlungsstrategien für die in diesem Bereich als problematisch eingeschätzten Neophyten wurden beschrieben. Besonders betroffene Strukturtypen sind Auenbereiche, städtische Grünanlagen an den äußeren Rändern des Siedlungsbereiches und Verkehrswege. Außerdem wurde die Notwendigkeit von weiteren Forschungen, Monitoring und einem Austausch von Erfahrungswerten aufgezeigt. Die hier vorliegenden Ergebnisse können auf andere Städte, insbesondere auf jene die in Sandgebieten liegen oder ein warm-trockenes Klima haben, übertragen werden.

7 Zusammenfassung

Neophyten sind gebietsfremde Pflanzenarten die nach 1492 erstmalig in einem Gebiet auftraten und die durch den Einfluss des Menschen beabsichtigt, beispielsweise durch die Einfuhr von Nutzpflanzen und Zierpflanzen für Garten- und Parkanlagen oder unbeabsichtigt, beispielsweise durch Einschleppung von Samen in organischem Verpackungsmaterial von Handelsgütern, in das jeweilige Ökosystem gelangten. Somit sind Städte als Zentren von zahlreichen Handels- und Verkehrswegen eine bedeutende Einwanderungs- und Ausbreitungsquelle für Neophyten (Wittig 2002 und Kowarik 2010).

Die vorliegende Arbeit befasst sich mit dem Vorkommen von Neophyten im Siedlungsbereich der Stadt Ingelheim am Rhein, welche durch ihr warmtrockenes Klima und sandige Böden eine günstige Voraussetzung für die Ansiedlung und Ausbreitung von Neophyten aus mediterranen oder subtropischen Florenregionen bietet. Hierzu wurde für die charakteristischen Siedlungsstrukturtypen Wohngebiet, Brachfläche, Grün- und Parkanlagen, Straßen und Gleisanlagen, Gewerbe- und Industriegebiete, Gewässer und Friedhöfe, eine flächengebundene Vegetationsaufnahme nach Braun-Blanquet durchgeführt. In den ausgewählten Aufnahmeflächen des Siedlungsbereiches der Stadt Ingelheim am Rhein wurden insgesamt 28 Pflanzenarten mit dem Status Neophyt festgestellt. Hierbei wurde festgestellt, dass nur drei Arten, *Diplotaxis tenuifolia, Conyza canadensis* und *Erigeron annuus*, die breitesten Vorkommen innerhalb aller Strukturtypen aufweisen. *Senecio inaequidens* wurde nur im Bereich der Gleisanlagen und *Impatiens parviflora, Solidago gigantea* und *Symphoricarpos albus* wurden nur im Auenbereich des Rheins beziehungsweise im Mündungsbereich der Selz festgestellt. Letztere sind somit an frische bis feuchte Standorte gebunden. Typische Neophyten-Arten in den städtischen Grün- und Parkanlagen waren *Rhus hirta* und *Ailanthus altissima*. An den Verkehrswegen wurde zudem die höchste Artmächtigkeit, das bedeutet zahlreiche Individuen bei einer Deckung von 25 bis 50%, für *Ailanthus altissima* festgestellt.

Des Weiteren wurden die dort vorkommenden und einen potenziell problematischen Aspekt aufweisenden Neophyten-Arten in ein dreigliedriges Listensystem, das bedeutet eine Schwarze, eine Graue und eine Weiße Liste eingestuft. Daraus ergab sich die Empfehlung für die Arten *Ailanthus altissima, Rhus hirta, Senecio inaequidens, Bunias orientalis* und *Fallopia japonica,* vorbeugende Maßnahmen, Sofortmaßnahmen, Maßnahmen zum Management und ein Monitoring durchzuführen. Gründe hierfür sind deren hohen Ausbreitungspotenziale und potenziell negativen Auswirkungen auf die Biodiversität, beispielsweise die des Naturschutzgebietes Ingelheimer Dünen und Sande.

Die Vorkommen von Neophyten in Gewerbe- und Industriegebieten sowie Wohngebieten sollten akzeptiert und toleriert werden, da an diesen Standorten, gekennzeichnet durch extreme Trockenheit, Wärme, Lichteinstrahlung, Eintrag von Schadstoffen und hohem Nutzungsgrad, heimische Arten oftmals nicht überleben können und somit erfüllen die Neophyten hier wichtige ökologische Funktionen. Im Gegensatz dazu sollten für die Neophyten-Arten, die einen potenziell problematischen Aspekt aufweisen, in den Strukturtypen Auenbereiche, städtische Grünanlagen und Verkehrswege, geeignete Handlungsmaßnahmen durchgeführt werden.

Literaturverzeichnis

(2007): Baugesetzbuch. 40. Aufl, Deutscher Taschenbuch Verlag, München

(2011): Bundesnaturschutzgesetz. 2. Aufl., W. Kohlhammer Verlag, Stuttgart

Alberternst, B. (1998): Biologie, Ökologie, Verbreitung und Kontrolle von *Reynoutria japonica* in Baden-Würtemberg. In: Culterra 23

Beek, R., (2010): Mitarbeiter im Amt für Umweltschutz und Grünordung der Stadtverwaltung Ingelheim am Rhein, Email Korrespondenz vom 29.09.2010

Below, M., (2011): Mitarbeiter im Umweltzentrum der Deutschen Bahn AG, Berlin, Email Korrespondenz vom 14.01.2011

Bildatlas der Farn- und Blütenpflanzen Deutschlands, Henning Haeupler & Thomas Muer, 2.Auflage, 2007 Verlag Eugen Ulmer KG, Herausgegeben vom Bundesamt für Naturschutz (S./Nr. 1930)

Böcker, R, Gebhardt, H., Konold, W. und Schmidt-Fischer, S (Hrsg.) (1995): Gebietsfremde Pflanzen, Auswirkungen auf einheimische Arten, Lebensgemeinschaften und Biotope. Kontrollmöglichkeiten und Management. Ecomed Verlag, Landsberg

Böcker, R. und Kowarik, I. (1982): Der Götterbaum (*Ailanthus altissima*) in Berlin (West). In: Berliner Naturschutzblatt 26, 4-9

Bornkamm, R. und Prasse, R. (1999): Die ersten Jahre der Einwanderung von *Senecio inaequidens* DC. in Berlin und dem südwestlich angrenzenden Brandenburg. In: Verhandlungen des Botanischen Vereins von Berlin und Brandenburg 132, S. 131-139

Breuer und Lehr (2007): Informations- und Biotopkataster des Landschaftsinformationssystems der Naturschutzverwaltung Rheinland-Pfalz, http://map.naturschutz.rlp.de/osiris_rep/objektreports/html/BK-6014-0579 2006.html, 28.08.2010, 12:15

Bundesamt für Naturschutz (Hrsg.), op.: FloraWeb: Daten und Informationen zu Wildpflanzen und zur Vegetation Deutschlands, http://www.floraweb.de/, 15.05.2010, 18:30

Dörr und Hohmann (2006): Informations- und Biotopkataster des Landschaftsinformationssystems der Naturschutzverwaltung Rheinland-Pfalz, http://map.naturschutz.rlp.de/osiris_rep/objektreports/html/BK-6014-0675- 2006.html, 01.09.2010, 15:00

Ellenberg, H. (1991): Zeigerwerte der Gefäßpflanzen (ohne Rubus). Scripta Geobotanica 18: S. 9-166, Verlag Erich Goltze KG, Göttingen. In: Ellenberg, H.; Weber, H. E.; Düll, R.; Wirth, V.; Werner, W. und Paulißen, D. (1991): Zeigerwerte von Pflanzen in Mitteleuropa. Scripta Geobotanica 18, Verlag Erich Goltze, Göttingen

ESRI (Hrsg.) (2009): ArcGIS 9, ArcEditor 9.3.1 and Extensions, Software-DVD

Essel, F, Klingenstein, F., Nehring, S., Otto, C., Rabitsch, W., und Stöhr, O. (2008): Schwarze Listen invasiver Arten – Ein Instrument zur Risikobewertung für die Natuschutz-Praxis. In: Natur und Landschaft **83** (9), 418-424

Fölsch, K., (2010). Mitarbeiterin im Amt für Stadtentwicklung und Stadtplanung der Stadtverwaltung Ingelheim am Rhein, Email Korrespondenz vom 12.10.2010

Gilbert, O., (1994): Städtische Ökosysteme. Neumann Verlag, Radebeul

Google Maps (Hrsg.) (2011): Deutschland Karte, http://maps.google.de/, 15.03.2011, 19:30

Gutte, P., Klotz, S., Lahr, C. und Trefflich, A. (1987): *Ailanthus altissima* (Mill.) Swingle – eine vergleichend pflanzengeographische Studie. In: Folia Geobot et Phytotaxonomica 22, 241-262

Henn, K.H., (2009): Zeittafel zur gesamten Ingelheimer Geschichte, http://www.ingelheimergeschichte.de/geschichte0105/ zeittafel_henn/zeittafel.html, 25.05.2011, 13:00

Klingenstein, F., (2004): Neophyten aus Sicht des Naturschutzes auf Bundesebene. In: Neophyten in Schleswig-Holstein - Problem oder Bereicherung. Dokumentation einer Tagung im LANU am 31.03.2004. Schriftenreihe LANU SH - Natur **10**, Kiel, 21-31

Kosmale, S., (1981): Die Einwanderung von Reynoutria japonica Houtt. Bereicherung unserer Flora oder Anlaß zur Besorgnis? In: Floristische Mitteilungen

Kowarik, I., (1991): Berücksichtigung anthropogener Standort- und Florenveränderungen bei der Aufstellung Roter Listen. In: Auhagen, A., Platen, R. und Sukopp, H. (Hrsg.): Rote Listen der gefährdeten Pflanzen und Tiere in Berlin. Landschaftsentwicklung und Umweltforschung, Berlin, Sonderheft 6, 25-56

Kowarik, I., (2003): Biologische Invasionen. Neophyten und Neozoen in Mitteleuropa. 1. Aufl., Verlag Eugen Ulmer, Stuttgart

Kowarik, I., (2010): Biologische Invasionen. Neophyten und Neozoen in Mitteleuropa. 2. Aufl., Verlag Eugen Ulmer, Stuttgart; www.floraweb.de

Kretz, M. (1995): Praktische Bekämpfungsversuche des Japanknöterichs (*Reynoutria japonica*) in der Ortenau. In: Böcker, R, Gebhardt, H., Konold, W. und Schmidt-Fischer, S (Hrsg.) (1995): Gebietsfremde Pflanzen, Auswirkungen auf einheimische Arten, Lebensgemeinschaften und Biotope. Kontrollmöglichkeiten und Management. Ecomed Verlag, Landsberg, S. 151-160

Krings, P., (2010). Mitarbeiter des Selzverbandes der Kreisverwaltung Mainz- Bingen, Ingelheim am Rhein, mdl. Mitteilung vom 25.10.2010

Landesamt für Umwelt, Wasserwirtschaft und Gewerbeaufsicht Rheinland-Pfalz (Hrsg.) (2010): Naturräumliche Gliederung von Rheinland-Pfalz, http://www.luwg.rlp.de, 27.08.2010

Ministerium für Umwelt, Forsten und Verbraucherschutz Rheinland-Pfalz (Hrsg.), op. : LANIS, http://map1.naturschutz.rlp.de/mapserver_lanis/, 04.11.2010, 14:30

Markert, U., (2010): Mitarbeiterin im Amt für Umweltschutz und Grünordnung der Stadtverwaltung Ingelheim am Rhein, Email Korrespondenz vom 01.10.2010

Neef, E. (1993): Klimazonen der Erde, Volk und Wissen Verlag, Berlin

Pyšek, P., Richardson, D.M. und Jarošík, V. (2006): Who cites who in the invasion zoo: insights from an analysis of the most highly cited papers in invasion ecology. In: Preslia (78), 437-468

Radkowitsch, A., (2006): Steckbrief *Ailanthus altissima* (Mill.) Swingle (Simaroubiaceae), Drüsiger Götterbaum, aktualisierter Eintrag 2008, http://www.floraweb.de/neoflora/handbuch/ailanthusaltissima.html, 07.05.2010, 12:00

Radkowitsch, A., (2008): Steckbrief *Rhus hirta* (L.) Sudw. (Anacardiaceae), Essigbaum, Hirschkolben-Sumach, http://www.floraweb.de/neoflora/ handbuch/rhushirta.html, 06.05.2010, 11:00

Rothmaler, W. (Begr.), Jäger, E.J. und Werner, K. (Hrsg.) (2005): Exkursionsflora von Deutschland. Bd. 4. Gefäßpflanzen: Kritischer Band. 10. Aufl., Spektrum Akademischer Verlag, München

Schaefer, M. (1992): Wörterbuch der Ökologie. 3. Aufl. Fischer, Jena

Schroeder, F.-G. (1974): Zu den Statusangaben bei der floristischen Kartierung Mitteleuropas. Göttinger Floristische Rundbriefe **8**, 71-79

Schulz-Parthu, A. und Sobotta, H., (2003): Der kleine Ingelheimer Stadtführer. Leinpfad Verlag Ingelheim

Starfinger, U. und Kowarik, I. (2003a): Steckbrief *Robinia pseudoacacia* L. (Fabaceae), Robinie, 2. überarbeitete Version 2010, http://www.floraweb.de/neoflora/handbuch/robiniapseudoacacia.html, 15.06.2010, 14:00

Starfinger, U. und Kowarik, I. (2003b): Steckbrief *Solidago canadensis* L. (Asteraceae), Kanadische Goldrute, 2. überarbeite Version 2008, http://www.floraweb.de/neoflora/handbuch/solidagocanadensis.html, 15.05.2010, 16:00

Starfinger, U. und Kowarik, I. (2003c): Steckbrief *Solidago gigantea* Aiton. (Asteraceae), Späte Goldrute, 2. überarbeite Version 2008, http://www.floraweb.de/neoflora/handbuch/solidagogigantea.html, 15.05.2010, 16:15

Starfinger, U. und Kowarik, I. (2003d): Steckbrief *Symphoricarpos albus* (L.) S. F. Blake (Caprifoliaceae), Gewöhnliche Schneebeere, aktualisierte Version 2008, http://www.floraweb.de/neoflora/handbuch/symphoricarposalbus.html, 17.05.2010, 18:00

Starfinger, U. und Kowarik, I. (2005) : Steckbrief *Bunias orientalis* L. (Brassicaceae), Orientalisches Zackenschötchen, http://www.floraweb.de/neoflora/handbuch/buniasorientalis.html, 07.05.2010, 12:15

Starfinger, U., Kowarik, I. und Isermann, M. (2006): Steckbrief *Senecio inaequidens* DC. (Asteraceae), Schmalblättriges Greiskraut, http://www.floraweb.de/neoflora/handbuch/senecioinaequidens.html, 12.05.2010, 14:00

Stemmler, R., (2009): Amtsleiter des Amtes für Umweltschutz und Grünordung der Stadtverwaltung Ingelheim am Rhein, mdl. Mitteilung vom September 2009

Stemmler, R., (2010): Amtsleiter des Amtes für Umweltschutz und Grünordung der Stadtverwaltung Ingelheim am Rhein, Email Korrespondenz vom 04.10.2010

Tremp, H., (2005): Aufnahme und Analyse vegetationsökologischer Daten. Verlag Eugen Ulmer, Stuttgart

Wagner, W., Hessische Geologische Landesanstalt (Hrsg.) (1931): Geologische Karte von Hessen/Blatt Ober-Ingelheim, http://www.lgb- rlp.de, 17.04.2010, 16:00

Willmanns, O. (1989): Vergesellschaftung und Strategie-Typen von Pflanzen mitteleuropäischer Rebkulturen. In: Phytocoenologia 18, S. 83-128

Wittig, R. (2002): Siedlungsvegetation. 40 Tabellen. Verlag Eugen Ulmer, Stuttgart

Wittig, R. und Streit, B. (2004): Ökologie. UTB basics , Verlag Eugen Ulmer, Stuttgart

Wolfangel, Martin (2001): Indisches Springkraut, Japanischer Staudenknöterich und das massenhafte Auftreten anderer Neophyten - eine Gefahr für die biologische Vielfalt (Biodiversität). Ergänzte Version (2004 und 2005), http://mitglied.multimania.de/martin_wolfangel/, 04.12.2010, 17:00

Berichte des Instituts für Umweltstudien und angewandte Forschung der Fachhochschule Bingen

Herausgeber:
Prof. Dr. Elke Hietel
Prof. Dr. Gerhard Roller

Bisher erschienen:

Band 1   Roller, G. und Hietel, E.
ISBN 3-9810496-0-8   Umweltschutz in der Bauleitplanung. Bingen, 2005.

Band 2   Steuk, J.
ISBN 978-3-86805-440-8   Die Haftung nach den Umweltschadensregelungen des Umweltgesetzbuches und des Umweltschadensgesetzes. Bingen, 2009.

Band 3   Bickel, M.
ISBN 978-3-8381-2959-4 Bestandserfassung rastender Meeresenten - Auswertung von Flugzeugzählungen entlang der schleswig-holsteinischen Ostseeküste im Rahmen des Natura 2000 Monitoring. 2011.

Band 4   Gerstenberger, G.
ISBN 978-3-8381-2928-0   Weinbergsmauern – Erhalt von Biotop und Kulturgut. Ein GIS-gestütztes Modellkonzept zur Erfassung, Pflege und Entwicklung. 2011.

Die VDM Verlagsservicegesellschaft sucht für wissenschaftliche Verlage abgeschlossene und herausragende

Dissertationen, Habilitationen, Diplomarbeiten, Master Theses, Magisterarbeiten usw.

für die kostenlose Publikation als Fachbuch.

Sie verfügen über eine Arbeit, die hohen inhaltlichen und formalen Ansprüchen genügt, und haben Interesse an einer honorarvergüteten Publikation?

Dann senden Sie bitte erste Informationen über sich und Ihre Arbeit per Email an *info@vdm-vsg.de*.

Sie erhalten kurzfristig unser Feedback!

VDM Verlagsservicegesellschaft mbH
Dudweiler Landstr. 99   Telefon +49 681 3720 174
D - 66123 Saarbrücken   Fax   +49 681 3720 1749
www.vdm-vsg.de

Die VDM Verlagsservicegesellschaft mbH vertritt

Printed by Books on Demand GmbH, Norderstedt / Germany